计算机类精品系列教材

操作系统实验教程

——Web 服务器性能优化

鲁 强 编著

電子工業出版社
Publishing House of Electronics Industry
北京·BEIJING

内 容 简 介

操作系统相关理论较为抽象和难懂，对于很多初学者来说很难理解这些抽象的内容。本书以“学以致用”为目标，以构建一个高性能 Web 服务器为案例，将操作系统的处理器管理、内存管理和文件管理的相关理论融入到 Web 服务器构建的过程中。随着将操作系统中的这些理论逐步融入到 Web 服务器，读者会发现 Web 服务器的并发访问性能在逐步提高，这能极大地激发读者的学习兴趣。

本书中的实验先易后难，从一个简单的单进程 Web 服务器开始，通过引入多进程、多线程、同步互斥、页面缓存及替换、内存分配及管理、文件系统、网络通信和零拷贝等概念和算法，逐步提高 Web 服务器并发访问性能。本书中的实验强调数据分析，通过在程序代码中加入性能统计参数以及应用性能评估工具来获得 Web 服务器运行状态数据；通过数据分析获得影响 Web 服务器并发访问性能的关键问题；通过引入操作系统的相关理论来解决这些问题。

本书既可作为“操作系统”课程的配套实验教材，也可以作为系统编程人员动手实践的参考教材。

图书在版编目（CIP）数据

操作系统实验教程：Web 服务器性能优化 / 鲁强编著. —北京：电子工业出版社，2023.9

ISBN 978-7-121-46251-1

Ⅰ. ①操… Ⅱ. ①鲁… Ⅲ. ①操作系统－高等学校－教材 Ⅳ. ①TP316

中国国家版本馆 CIP 数据核字（2023）第 167689 号

责任编辑：路　越
印　　刷：北京七彩京通数码快印有限公司
装　　订：北京七彩京通数码快印有限公司
出版发行：电子工业出版社
　　　　　北京市海淀区万寿路 173 信箱　　邮编：100036
开　　本：787×1092　1/16　印张：9.5　字数：237 千字
版　　次：2023 年 9 月第 1 版
印　　次：2024 年 11 月第 2 次印刷
定　　价：49.80 元

凡所购买电子工业出版社图书有缺损问题，请向购买书店调换。若书店售缺，请与本社发行部联系，联系及邮购电话：（010）88254888，88258888。

质量投诉请发邮件至 zlts@phei.com.cn，盗版侵权举报请发邮件至 dbqq@phei.com.cn。

本书咨询联系方式：mengyu@phei.com.cn。

前言

“操作系统”课程内容涉及面广，里面讲授的概念、理论和算法较为抽象和难以理解。制约学生理解、掌握其内容的关键因素是缺少好的实验平台。

目前，针对“操作系统”课程开发的实验平台大体分为两种：一种以复现课程内容中理论和相关算法实现为主，另一种以操作系统内核开发为主。第一种实验平台多是以每章为单位的理论验证型实验，如实现银行家算法、实现 LRU 内存替换算法等。这些实验内容仅复现了课程中的算法，由于缺少具体的应用环境，使学生并不能够体会这些理论和算法在操作系统或实际系统环境中的真实作用。并且由于实验以每章为单位，各部分实验内容之间缺少联系，很难使学生通过这些实验内容来真正理解、掌握和应用这些理论、算法知识。第二种以内核开发为主的实验平台，大多数构造好了基本的内核实现框架，并且实现了很大一部分的代码，仅需要学生补充相关的算法代码即可。这样虽然能够加深学生对课本内容的理解并增强其阅读代码和系统底层编程能力，但是由于整体架构已经设计好，并不能较好地训练学生的系统设计能力（系统设计指的是在面临复杂问题时，能够在综合考虑各种因素的前提下，设计出合理的系统程序以最大化地利用计算机系统性能）。

为克服上述两种实验平台的缺点，本书以设计并实现一个具有较高并发性能的 Web 服务器系统为目标，将操作系统各个部分的理论和算法知识逐步地、有机地融入此服务器系统的设计和开发过程中，使学生学到的知识能够作用于一个完整的系统，使学生在实现每个阶段实验目标的基础上逐渐增强自身系统设计能力和分析能力，并提升他们“学以致理”和“学以致用”的能力。

本书具体内容组织如下。

第 1 章，Web 服务器开发基础。在理解 TCP 和 HTTP 协议的基础上，利用 socket 编程技术实现一个简单的 Web 服务器，并介绍 Web 服务器开发环境和测试环境相关工具的使用方法。

第 2 章，Web 服务器的多进程和多线程模型。将多进程、多线程、同步与互斥等概念和理论融入此 Web 服务器的设计中，并探讨各种提高 Web 服务器并发处理性能的设计方案。

第 3 章，Web 服务器的内存管理。在深入分析 Linux 内核内存管理模型和用户库内存管理模型的基础上，通过介绍 Nginx（一个高性能 HTTP 服务器）在内存管理中的实现方法，来探讨关于 Web 服务器管理内容的设计方案。

第 4 章，Web 服务器的文件存储系统。在深入分析 Linux 中的 Ext 2 文件系统的基础上，通过介绍支持海量小文件高速读取的 TFS（淘宝文件系统）系统架构及其特点，来探讨支持海量 Web 文件的存储系统设计方案。

第 5 章，Web 服务器的网络 I/O 性能优化。在分析网络 I/O 通信模型的基础上，介绍 socket I/O 多路复用、非阻塞 I/O、异步 I/O 和零拷贝等技术，以提高 Web 服务器在高并发环境下网络 I/O 的通信能力。

本书中的实验内容是编者在多年操作系统实验教学过程中总结、整理而成的，其特点如下：首先，适用性较广，既能够让能力一般的学生经过逐步地学习和训练来设计完成一个较为完整的系统软件，也能够让能力较为突出的学生通过深入钻研操作系统内核和计算机系统结构相关知识来最大限度地发挥系统软件的性能；其次，每个实验阶段的 Web 服务器性能都会比上一个阶段有所提高，这会极大地激发学生探索新理论和新方法的兴趣；最后，由于本书实验内容具有很好的衡量指标，因此教师可以根据学生完成的 Web 服务器系统性能好坏及相关实验报告对学生实验成绩给出客观的评价。

本书不仅可以作为“操作系统”课程上机授课教材，还可以作为计算机从业者提升自己的项目训练手册。希望本书能够对大家有所帮助。同时，由于编者知识面有限，书中难免会有疏漏和不足之处，请大家予以见谅，并希望大家提出改正建议。

鲁　强

2023 年 3 月

目录

第 1 章 Web 服务器开发基础

1.1 Web 服务器简介

Web 服务器通过超文本传输协议（Hper Text Transfer Protocal，HTTP）将客户端请求的文件发送到客户端的软件系统。其主要功能是读取 Web 网页，并将 Web 网页发送到客户端的浏览器中。Web 服务器主要包括两种类型：静态 Web 服务器和动态 Web 服务器。静态 Web 服务器不负责代码脚本的执行，只是将 Web 文件发送到客户端，如 Apache、Nginx 和 IIS 等 Web 服务器；动态 Web 服务器需运行客户请求的代码脚本，并将运行结果发送到客户端，动态 Web 服务器一般也称应用服务器。例如，Tomcat 应用服务器用于 JSP 代码脚本的解析和运行；Zend 应用服务器用于 PHP 代码脚本的解析和运行。在目前企业应用架构中，经常将静态 Web 服务器与动态 Web 服务器混用，以支持灵活的企业应用。例如，Apache、Nginx 和 IIS 等 Web 服务器可以通过配置相关的模块、与应用服务结合来达到既能完成静态页面传输，又能完成动态页面解析运行的功能。

由于本书主要以实现静态 Web 服务器为目标，因此在本书后文出现的“Web 服务器”特指“静态 Web 服务器”。Web 服务器主要包括 Web 文件存储、客户请求路径解析、Web 文件读取和 Web 文件传输 4 个部分。用户请求 Web 服务器的过程如图 1-1 所示。

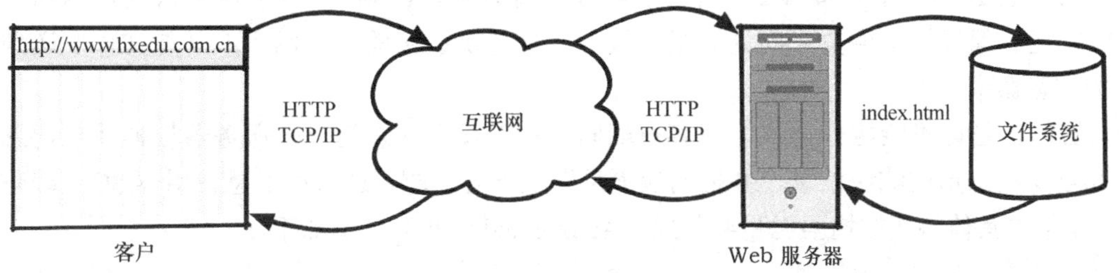

图 1-1 用户请求 Web 服务器的过程

用户在浏览器中输入 URL 链接地址“http://www.hxedu.com.cn”，浏览器将根据此 URL 链接地址封装成 HTTP 请求消息，并通过 TCP/IP 协议将此请求消息发送到指定地址的 Web 服务器中。Web 服务器接收到此 HTTP 请求消息后，首先对其进行解析并从中获得用户需要的 index.html 文件信息，然后在文件系统中查找此文件并读取此文件内容，最后将此文件内容封装成 HTTP 消息返给用户浏览器。浏览器在接收到返回消息后，对其中的 html 文件内容进行解析，并将其展示到浏览器界面中。

1.2 TCP/IP 协议族与 HTTP

1.2.1 TCP/IP 协议族

开放式系统互联（OSI）将计算机网络体系分为 7 层：物理层、数据链路层、网络层、传输层、会话层、表示层和应用层。

在互联网中使用的是 5 层网络模型：物理层、网络接口层、网络层、传输层和应用层。物理层对应网络的基本硬件；网络接口层中的协议定义了网络中传输的帧格式；网络层中的协议定义了信息包的格式及这些信息包在网络中的转发机制；传输层中的协议用于网络中两个终端之间的信息传输；应用层中的协议指定了具体应用中的信息格式。

TCP/IP 协议族是支撑互联网的主要协议组，其中应用层包括 DNS、FTP、HTTP、IMAP、LDAP、RTP、SSH、Telnet、TLS/SSL 等协议；传输层包括 TCP、UDP、RSVP、SCTP 等协议；网络层包括 IP（IPv4,IPv6）、ICMP、ECN、IGMP 等协议；网络接口层包括 ARP、PPP、Ethernet、DSL、ISDN、FDDI 等协议。具体包含协议情况详见 Wikipedia 中的 TCP/IP 词条。

TCP/IP 协议族以传输层中的传输控制协议（Transmission Control Protocol，TCP）和互联网层中的网际互连协议（Internet Protocol，IP）来命名，足以说明这两个协议的重要性。其中，TCP 是一种面向连接的、可靠的、基于字节流的传输协议，IP 定义了寻址方法和数据包的封装结构。

1.2.2 HTTP

HTTP 是应用层协议，主要负责超文本的交互与传输，而超文本是结构化的文档，其中使用超链接来关联不同站点上的文件。例如，在网站 A 的网页 w1 上可以通过单击一个超链接，打开另一个网页 w2，这个网页 w2 可以来自网站 A 也可以来自其他网站。而 HTTP 能够保证这些网页之间的无缝链接，并把单击链接的相应网页或其他文件发送到用户的浏览器中。

HTTP 是请求响应式协议，即客户端向服务器发出请求消息，服务器根据请求消息方法和自身状态形成响应消息，并把响应消息发送给客户端。HTTP 消息使用 ASCII 编码，其 1.1 版本具体格式按增强巴科斯范式（Augmented BNF）定义如下。

```
HTTP-message    = Request | Response
Request         = Request-Line
                    *(( general-header
                     | request-header
                     | entity-header ) CRLF)
                    CRLF
                    [ message-body ]

 Response       = Status-Line
                   *(( general-header
                    | response-header
```

```
                        | entity-header ) CRLF)
                       CRLF
                       [ message-body ]
Request-Line    = Method SP Request-URI SP HTTP-Version CRLF
Method          =      "OPTIONS"
                      | "GET"
                      | "HEAD"
                      | "POST"
                      | "PUT"
                      | "DELETE"
                      | "TRACE"
                      | "CONNECT"
                      | extension-method
extension-method = token
Request-URI      = "*" | absoluteURI | abs_path | authority

general-header =        Cache-Control
                      | Connection
                      | Date
                      | Pragma
                      | Trailer
                      | Transfer-Encoding
                      | Upgrade
                      | Via
                      | Warning

request-header =        Accept
                      | Accept-Charset
                      | Accept-Encoding
                      | Accept-Language
                      | Authorization
                      | Expect
                      | From
                      | Host
                      | If-Match
entity-header  =        Allow
                      | Content-Encoding
                      | Content-Language
                      | Content-Length
                      | Content-Location
                      | Content-MD5
                      | Content-Range
                      | Content-Type
                      | Expires
                      | Last-Modified
                      | extension-header

Status-Line     = HTTP-Version SP Status-Code SP Reason-Phrase CRLF
```

```
Status-Code    =     "100"   ; Continue
                   | "101"   ; Switching Protocols
                   | "200"   ; OK
                   | "201"   ; Created
                   | "202"   ; Accepted
                   | "203"   ; Non-Authoritative Information
                   | "204"   ; No Content
                   | "205"   ; Reset Content
                   | "206"   ; Partial Content
                   | "300"   ; Multiple Choices
                   | "301"   ; Moved Permanently
                   | "302"   ; Found
                   | "303"   ; See Other
                   | "304"   ; Not Modified
                   | "305"   ; Use Proxy
                   | "307"   ; Temporary Redirect
                   | "400"   ; Bad Request
                   | "401"   ; Unauthorized
                   | "402"   ; Payment Required
                   | "403"   ; Forbidden
                   | "404"   ; Not Found
                   | "405"   ; Method Not Allowed
                   | "406"   ; Not Acceptable
                   | "407"   ; Proxy Authentication Required
                   | "408"   ; Request Time-out
                   | "409"   ; Conflict
                   | "410"   ; Gone
                   | "411"   ; Length Required
                   | "412"   ; Precondition Failed
                   | "413"   ; Request Entity Too Large
                   | "414"   ; Request-URI Too Large
                   | "415"   ; Unsupported Media Type
                   | "416"   ; Requested range not satisfiable
                   | "417"   ; Expectation Failed
                   | "500"   ; Internal Server Error
                   | "501"   ; Not Implemented
                   | "502"   ; Bad Gateway
                   | "503"   ; Service Unavailable
                   | "504"   ; Gateway Time-out
                   | "505"   ; HTTP Version not supported
                   | extension-code
response-header = Accept-Ranges
                   | Age
                   | ETag
                   | Location
                   | Proxy-Authenticate
```

根据上面的协议格式描述，一个 Request-Line 可以表示“GET http://www.w3.org/pub/WWW/TheProject.html HTTP/1.1”。在 RFC 2616 协议中，HTTP 为区分客户端发出的请求消息方法，在 HTTP/1.1 协议中，将请求消息方法分为 GET、HEAD、POST、PUT、DELETE、TRACE、OPTIONS 和 CONNECT 共 8 种方法。

- GET 方法表示要请求获取特定的资源，如 html 网页、.jpg 图像文件等。GET 类型请求消息仅表示获取数据，并不对数据进行操作（增加、删除、修改等）。
- HEAD 方法与 GET 方法获得的响应一致，但要求响应消息中只包含 head，不包含 body。这个方法在获取元信息时非常有效。例如，要获取一个文件的大小、日期等信息，并不需要服务器的响应信息中包含这个文件，而只是将这些元信息封装到响应消息的 head 中。
- POST 方法用于请求服务器接收封装在请求消息中的数据实体，并将其作为新的附属资源粘贴到指定 URI 的 Web 资源中。封装在 POST 请求消息中的数据可以是邮件列表、Web 页面中需要提交的数据、公告板中的一条消息等内容。
- PUT 方法用于请求服务器将请求消息中的数据实体存储至指定的 URI 中。如果 URI 指向已经存在的资源，则将此数据实体替代已经存在的资源；如果 URI 指向的资源不存在，则将此数据实体表示为此 URI 指向的资源。
- DELETE 方法用于请求删除指定的资源。
- TRACE 方法用于请求中间服务器将自身消息及对请求消息的改变添加到请求消息中，从而使客户端能够追踪请求消息的路由过程及消息变化情况。
- OPTIONS 方法用于请求服务器返回其能够支持的 HTTP 请求方法。
- CONNECT 方法将请求连接转换到透明的 TCP/IP 通道，这样做的目的是便于加密的 HTTPS 通过非加密的 HTTP 代理。

有关以上方法的详细说明，请读者参见 RFC 7231 协议和 RFC 5789 协议。 本书中的实验主要关注 GET 和 HEAD 类型的请求消息处理。

请求消息的格式由以下 4 部分组成。

- 请求行：用来表明请求消息类型和请求资源的 URI。例如，GET/web/index.html 表示请求获取服务器管理的虚拟路径下 Web 目录中的 index.html 网页。
- 请求头域：在列表内部，每个请求头域都描述请求消息中的一个参数及其值，其中参数表示此请求头域的名称，其具体值格式为 parameter: value。例如，Accept: text/plain 是 Accept 头域，其值 text/plain 表示响应消息中的内容格式类型为 text/plain。
- 一个空行（r/n）。
- 消息体（可选）：在请求行和请求头域中每行必须以符号“<CR><LF>”结尾。在空行中只有符号“<CR> <LF>”，不能出现空格。在 HTTP/1.1 协议中，除了 head 头域，其他请求头域都是可选的。

与请求消息相对应的是服务器给客户端的响应消息。响应消息由以下 4 部分组成。

- 响应状态行：其内部包含状态码和原因内容。例如，“HTTP/1.1 200 OK”表示客户端请求成功。
- 响应头域：其给出响应参数信息。例如，“Content-Type:text/html”表示响应消息体的数据格式为“text/html”。

- 一个空行（r/n）。
- 消息体：存放响应消息的具体数据。

例如，一个请求消息实例如下。

```
GET /index.html HTTP/1.1
Host: www.example.com
```

服务器给出的响应消息如下。

```
HTTP/1.1 200 OK
Date: Mon, 08 May 2017 22:38:34 GMT
Content-Type: text/html; charset=UTF-8
Content-Encoding: UTF-8
Content-Length: 138
Last-Modified: Sun, 08 Jan 2017 12:21:50 GMT
Server: Apache/1.3.3.7 (Unix) (Red-Hat/Linux)
ETag: "3f80f-1b6-3e1cb03b"
Accept-Ranges: bytes
Connection: close

<html>
<head>
  <title>An Example Page</title>
</head>
<body>
  Hello World, this is a very simple HTML document.
</body>
</Html>
```

1.3 socket 编程

socket 是操作系统中实现 TCP/IP 等通信协议的应用程序接口（API）。通过调用 socket 能够实现多台计算机之间的消息传递。socket 分为客户端和服务端两种状态，其中服务端状态主要用于服务器的开发。在单进程单线程的 TCP 服务器模型中，socket 接口调用顺序和状态变化代码为“Server Code”。首先初始化自身，并绑定一个侦听端口。然后将其设置为侦听状态，并阻塞当前运行线程。一旦有客户端的连接请求，就与客户端建立一个新的连接通道，并在这个通道中通过读/写接口与客户端进行通信，如果处理完与客户端的通信，就可以将这个通道关闭。最后继续阻塞当前线程，直到有新的客户端发送连接请求。具体过程如下。

在 Linux 系统中，涉及 TCP/IP 传输的主要接口有以下 6 种。

- 函数 socket()用于初始化一个用于通信的 socket 描述符，其操作语义类似于使用 C 语言中的函数 fopen()打开一个文件并返回一个文件描述符，通过此描述符，能够对文件进行读/写。因此通过此函数返回的 socket 描述符能够对通信信息进行读取和写入。其具体函数接口如下。

```
int socket(int protofamily,int type,int protocol)
```

返回值为此操作 socket 的描述符。

参数 protofamily 表示所使用的网络地址协议，使用 AF_INET、AF_INET6、AF_LOCAL 等数值分别表示 IPv4、IPv6、文件路径等类型通信地址。例如，当使用 AF_INET 作为此函数参数时，在通信时需要指定 32 位的 IPv4 地址和端口号，如 127.0.0.1:8080。

参数 type 用于指定 socket 类型，常用的类型有 SOCK_STREAM、SOCK_DGRAM 和 SOCK_RAW。SOCK_STREAM 是面向连接的可靠的双向数据流通信，发送的数据按顺序到达，一般应用在 TCP 协议的消息传递；SOCK_DGRAM 是面向无连接的非可靠数据通信，一般应用在 UDP 协议；SOCK_RAW 是指直接向网络硬件发送或接收原始的数据报文，socket()通过此项设置给予上层调用程序、自己设计数据报文格式和解析报文的能力。

参数 protocol 表示 socket 使用传输协议，其数值有 IPPROTO_TCP、IPPROTO_UDP、IPPROTO_STCP、IPPROTO_TIPC 等，分别应用于 TCP 传输协议、UDP 传输协议、STCP 传输协议、TIPC 传输协议。

例如，int clientsock_fd=socket (AF_INET,SOCK_STREAM,0)。

socket 客户端-服务端的通信流程如图 1-2 所示。

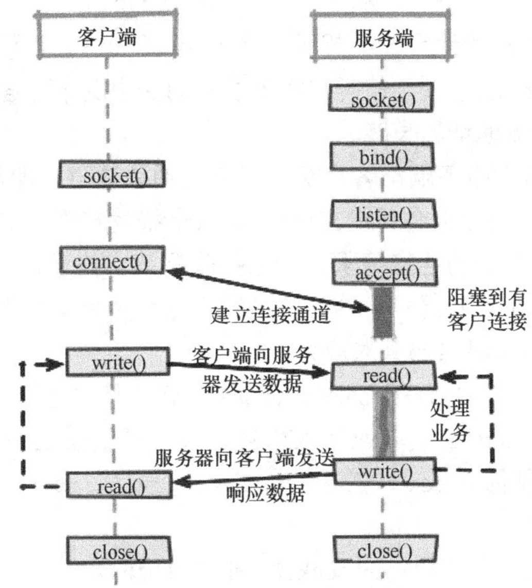

图 1-2　socket 客户端-服务端的通信流程

- 函数 bind()用于将 socket 描述符与指定地址绑定。bind()是服务端调用的函数，用来绑定具体的侦听端口号。因为客户端会自动创建连接和端口号，所以在客户端并不需要 bind()，其具体函数格式如下。

```
int bind(int sockfd, const struct sockaddr * addr, socklen_t addrlen)
```

其中，参数 sockfd 为 socket 描述符（由 socket()函数产生）；addr 为地址指针，指向要为 sockfd 绑定的地址。地址数据结构要与创建 socket 描述符时的参数 protofamily 一致。例如，如果 protofamily 参数值为 AF_INET，则 addr 指向一个 IPv4 的地址结构 sockadd_in；如果 protofamily 参数值为 AF_INET6，则 addr 指向一个 IPv6 的地址结构 sockaddr_in6；如果 protofamily 参数值为 AF_LOCAL，则 addr 指向一个路径结构 sockadr_un。参数 addrlen 为地址长度。

- 函数 listen()主要用于服务端，使服务器能够侦听来自指定 socket 描述符中的消息。在调用此函数后，指定的 socket 描述符将变为侦听状态，用于等待用户的连接请求，其具体函数格式如下。

```
int listen(int sockfd, int backlog)
```

其中，参数 sockfd 表示 socket 描述符，backlog 表示此 socket 可以接受排队的连接最大个数。

- 函数 connect()用于为指定的 socket 描述符与服务器端的地址建立连接。此函数用于客户端，使得客户端能够向服务端发起连接，其具体函数格式如下。

```
int connect(int sockfd, const struct sockaddr *addr, socklen_t addrlen)
```

其中，参数 sockfd 表示 socket 描述符，addr 为服务端的地址，addrlen 为地址长度。

- 函数 accept()表示使处于侦听状态下的 socket 能够接收连接请求，同时此函数会阻塞当前线程，直到有客户端与此 socket 建立连接，其具体函数格式如下。

```
int accept(int sockfd, struct sockaddr *addr, socklen_t *addrlen)
```

其中，参数 sockfd 表示处于侦听状态下的 socket 描述符，addr 用于返回客户端的地址，addrlen 为客户端地址的长度。

accept()的返回值为服务端与客户端新建立的通信通道，即新建立一个 socket 描述符，用于与客户端通信。为什么会新建立一个 socket 描述符呢？这是因为处在侦听状态下的 socket 只负责接收客户端的连接请求，一旦接收到请求信号，accept()就会新建立一个 socket 与客户端 socket 进行通信。这样能使服务器与多个客户端同时保持通信（有一个客户端，服务器就有一个 socket 与其对应）。

- 函数 read()/write()，把 socket 描述符当作文件描述符，该函数与文件操作函数一样，负责在 socket 中读取或写入信息，以实现消息的发送和接收。除此之外，socket()中还包括 recv()/send()、sendto()/recvfrom()和 sendmsg()/recvmsg()。
- 函数 close()用于关闭指定的 socket，并释放资源。

另外，socket 支持 TCP、UDP 和 IP 等协议通信。在本节中，主要关注 TCP/IP 协议基础上的应用层协议 HTTP 的实现。下面例子是 nweb()中的代码。首先，客户端代码通过 socket 向指定服务器发出了一个 HTTP 消息，其目的是请求一个网页 helloworld.html；其次服务器在 socket 端口中，读取 HTTP 消息，读取客户端指定的网页内容，并将此内容写入与客户端建立的 socket 中；最后客户端在接收此网页信息后，将消息打印到控制台，并关闭此 socket。

在 TCP 客户端，socket 接口调用顺序和状态变化，如下面代码所示，其首先初始化自身，向服务器发送请求并建立连接通道；然后通过读/写接口与服务器进行通信；最后当通信完毕后，关闭这个连接通道。

```
/* Client Code*/
/* The following main code from https://github.com/ankushagarwal/nweb, but they are modified slightly */
#include <stdio.h>
```

```
#include <stdlib.h>
#include <unistd.h>
#include <string.h>
#include <sys/types.h>
#include <sys/socket.h>
#include <netinet/in.h>
#include <arpa/inet.h>

/* IP address and port number */
#define PORT        8181          //定义端口号，一般情况下服务器的端口号为 80
#define IP_ADDRESS "192.168.0.8"  //定义服务端的 IP 地址
/* Request a html file base on HTTP */
char *httprequestMsg = "GET /helloworld.html HTTP/1.0 \r\n\r\n" ;
                                  //定义 HTTP 请求消息，即请求 helloworld.html 文件

#define BUFSIZE 8196

void pexit(char * msg)
{
    perror(msg);
    exit(1);
}
void main()
{
    int i,sockfd;
    char buffer[BUFSIZE];
    static struct sockaddr_in serv_addr;

    printf("client trying to connect to %s and port %d\n",IP_ADDRESS,PORT);
    if((sockfd = socket(AF_INET, SOCK_STREAM,0)) <0)      //创建客户端 socket
            pexit("socket() error");

    serv_addr.sin_family = AF_INET;                       //设置 socket 为 IPv4 模式
    serv_addr.sin_addr.s_addr = inet_addr(IP_ADDRESS);    //设置连接服务器的 IP 地址
    serv_addr.sin_port = htons(PORT);                     //设置连接服务器的端口号

    /* 连接指定的服务器*/
    if(connect(sockfd, (struct sockaddr *)&serv_addr, sizeof(serv_addr)) <0)
            pexit("connect() error");

    /* 连接成功后，通过 socket 连接通道向服务器端发送请求消息 */
    printf("Send bytes=%d %s\n",strlen(httprequestMsg), httprequestMsg);
    write(sockfd, httprequestMsg, strlen(httprequestMsg));

    /* 通过 socket 连接通道，读取服务器的响应消息，即 helloworld.html 文件内容：如果是在 Web 浏
览器中读取消息，则 Web 浏览器将根据得到的文件内容进行 Web 页面渲染*/
    while( (i=read(sockfd,buffer,BUFSIZE)) > 0)
```

```
            write(1,buffer,i);
    /*close the socket*/
          close(sockfd);
}
```

TCP 服务端代码如下所示。其中，数据结构 extensions 主要用来存放 nweb 服务器能够支持的文件类型；logger()主要用于向客户端返回服务器内部异常状态消息（响应代码为 403 的 Forbidden 消息和响应代码为 404 的 NOT FOUND 消息），并将相关内容写入日志文件中；web()首先从 socket 中读取并解析 HTTP 消息，然后读取指定的文件内容，并合成 HTTP 的响应消息，最后将响应消息写入指定 socket。

在 TCP 服务端主函数流程中，首先对参数 argc 和 argv 进行判断和内容识别，其主要作用是从 argv 参数列表中获得端口号和网页存取路径。例如，执行命令 nweb 8181/home/newdir，在参数列表 argv[1]中保存 8181 字符串；在 argv[2]中保存/home/newdir 字符串。然后创建侦听 socket，并通过 bind()将此 socket 绑定到指定端口（通过参数结构 sockaddr_in 实现，使用 listen()设置此 socket 为侦听状态，并最终阻塞在 accept()位置。直到有客户端与服务端建立连接，这个函数将返回与客户端建立连接的 socket 描述符。根据此 socket 描述符，使用 web()对用户的请求做出响应，并将信息记录到日志文件中。

```
/*Server Code*/
/* webserver.c*/

#include <stdio.h>
#include <stdlib.h>
#include <unistd.h>
#include <errno.h>
#include <string.h>
#include <fcntl.h>
#include <signal.h>
#include <sys/types.h>
#include <sys/socket.h>
#include <netinet/in.h>
#include <arpa/inet.h>
#define VERSION 23
#define BUFSIZE 8096
#define ERROR      42
#define LOG        44
#define FORBIDDEN 403
#define NOTFOUND  404

#ifndef SIGCLD
#   define SIGCLD SIGCHLD
#endif
```

```
struct {
  char *ext;
  char *filetype;
} extensions [] = {
  {"gif", "image/gif" },
  {"jpg", "image/jpg" },
  {"jpeg","image/jpeg"},
  {"png", "image/png" },
  {"ico", "image/ico" },
  {"zip", "image/zip" },
  {"gz",  "image/gz"  },
  {"tar", "image/tar" },
  {"htm", "text/html" },
  {"html","text/html" },
  {0,0} };

/* 日志函数，将运行过程中的提示信息记录到 webserver.log 文件中*/
void logger(int type, char *s1, char *s2, int socket_fd)
{
  int fd ;
  char logbuffer[BUFSIZE*2];
  /*根据消息类型，将消息存入 logbuffer 中进行缓存，或直接将消息通过 socket 通道返回给客户端*/
  switch (type) {
   case ERROR: (void)sprintf(logbuffer,"ERROR: %s:%s Errno=%d exiting pid=%d",s1, s2,
errno,getpid());
     break;
  case FORBIDDEN:
     (void)write(socket_fd, "HTTP/1.1 403 Forbidden\nContent-Length: 185\nConnection:
close\nContent-Type: text/html\n\n<html><head>\n<title>403 Forbidden</title>\n</head>
<body>\n<h1>Forbidden</h1>\n The requested URL, file type or operation is not allowed
on this simple static file webserver.\n</body></html>\n",271);
     (void)sprintf(logbuffer,"FORBIDDEN: %s:%s",s1, s2);
     break;
  case NOTFOUND:
    (void)write(socket_fd, "HTTP/1.1 404 Not Found\nContent-Length: 136\nConnection:
close\nContent-Type: text/html\n\n<html><head>\n<title>404 Not Found</title>\n</head>
<body>\n<h1>Not Found</h1>\nThe requested URL was not found on this server.\
n</body></html>\n",224);
     (void)sprintf(logbuffer,"NOT FOUND: %s:%s",s1, s2);
     break;
  case LOG: (void)sprintf(logbuffer," INFO: %s:%s:%d",s1, s2,socket_fd); break;
  }
  /* 将 logbuffer 缓存中的消息存入 webserver.log 文件中*/
  if((fd = open("webserver.log", O_CREAT| O_WRONLY | O_APPEND,0644)) >= 0) {
    (void)write(fd,logbuffer,strlen(logbuffer));
    (void)write(fd,"\n",1);
    (void)close(fd);
```

```
    }
  }

  /* 此函数完成了服务器的主要功能，它首先解析客户端发送的消息；然后从中获取客户端请求的文件名，根据文件名从本地将此文件读入缓存，并生成相应的 HTTP 响应消息；最后通过服务器与客户端的 socket 通道向客户端返回 HTTP 响应消息*/

  void web(int fd, int hit)
  {
    int j, file_fd, buflen;
    long i, ret, len;
    char * fstr;
    static char buffer[BUFSIZE+1];   /* 设置静态缓冲区 */

    ret =read(fd,buffer,BUFSIZE);     /* 从连接通道中读取客户端的请求消息 */
    if(ret == 0 || ret == -1) {       /* 如果读取客户端消息失败，则向客户端发送 HTTP 失败响应信息*/
      logger(FORBIDDEN,"failed to read browser request","",fd);
    }
    if(ret > 0 && ret < BUFSIZE)      /* 设置有效字符串，即将字符串尾部表示为 0 */
      buffer[ret]=0;
    else buffer[0]=0;
    for(i=0;i<ret;i++)                /* 移除消息字符串中的“CF”和“LF”字符*/
      if(buffer[i] == '\r'  || buffer[i] == '\n')
        buffer[i]='*';
    logger(LOG,"request",buffer,hit);
   /*判断客户端 HTTP 请求消息是否为 GET 类型，如果不是，则给出相应的响应消息*/
    if( strncmp(buffer,"GET ",4) && strncmp(buffer,"get ",4) ) {
      logger(FORBIDDEN,"Only simple GET operation supported",buffer,fd);
    }
    for(i=4;i<BUFSIZE;i++) { /* null terminate after the second space to ignore extra stuff */
      if(buffer[i] == ' ') { /* string is "GET URL " +lots of other stuff */
        buffer[i] = 0;
        break;
      }
    }
    for(j=0;j<i-1;j++)                /* 在消息中检测路径，不允许路径出现“.”*/
      if(buffer[j] == '.' && buffer[j+1] == '.') {
        logger(FORBIDDEN,"Parent directory (…) path names not supported",buffer,fd);
      }
    if( !strncmp(&buffer[0],"GET /\0",6) || !strncmp(&buffer[0],"get /\0",6) )
     /* 如果请求消息中没有有效的文件名，则使用默认的文件名 index.html */
      (void)strcpy(buffer,"GET /index.html");

    /* 根据预定义在 extensions 中的文件类型，检查请求的文件类型是否由本服务器支持 */
    buflen=strlen(buffer);
    fstr = (char *)0;
```

```
    for(i=0;extensions[i].ext != 0;i++) {
      len = strlen(extensions[i].ext);
      if( !strncmp(&buffer[buflen-len], extensions[i].ext, len)) {
        fstr =extensions[i].filetype;
        break;
      }
    }
    if(fstr == 0) logger(FORBIDDEN,"file extension type not supported",buffer,fd);

    if(( file_fd = open(&buffer[5],O_RDONLY)) == -1) {      /* 打开指定的文件*/
      logger(NOTFOUND, "failed to open file",&buffer[5],fd);
    }
    logger(LOG,"SEND",&buffer[5],hit);
    len = (long)lseek(file_fd, (off_t)0, SEEK_END);         /* 通过 lseek 获取文件长度*/
     (void)lseek(file_fd, (off_t)0, SEEK_SET);              /* 将文件指针移到文件首要位置*/
      (void)sprintf(buffer,"HTTP/1.1   200   OK\nServer:   nweb/%d.0\nContent-Length:
%ld\nConnection: close\nContent-Type: %s\n\n", VERSION, len, fstr);
                                                             /* Header + a blank line */
    logger(LOG,"Header",buffer,hit);
    (void)write(fd,buffer,strlen(buffer));

    /* 不停地从文件中读取文件内容，并通过 socket 通道向客户端返回文件内容*/
    while (  (ret = read(file_fd, buffer, BUFSIZE)) > 0 ) {
      (void)write(fd,buffer,ret);
    }
    sleep(1);  /* sleep 的作用是防止消息未发出，已经将此 socket 通道关闭*/
    close(fd);
  }

  int main(int argc, char **argv)
  {
    int i, port, listenfd, socketfd, hit;
    socklen_t length;
    static struct sockaddr_in cli_addr; /* static = initialised to zeros */
    static struct sockaddr_in serv_addr; /* static = initialised to zeros */

    /*解析命令参数*/
    if( argc < 3  || argc > 3 || !strcmp(argv[1], "-?") ) {
      (void)printf("hint: nweb Port-Number Top-Directory\t\tversion %d\n\n"
    "\tnweb is a small and very safe mini web server\n"
    "\tnweb only servers out file/web pages with extensions named below\n"
    "\t and only from the named directory or its sub-directories.\n"
    "\tThere is no fancy features = safe and secure.\n\n"
    "\tExample:webserver 8181 /home/nwebdir &\n\n"
    "\tOnly Supports:", VERSION);

      for(i=0;extensions[i].ext != 0;i++)
        (void)printf(" %s",extensions[i].ext);
```

```
    (void)printf("\n\tNot Supported: URLs including \"…\", Java, Javascript, CGI\n"
  "\tNot Supported: directories / /etc /bin /lib /tmp /usr /dev /sbin \n"
  "\tNo warranty given or implied\n\tNigel Griffiths nag@uk.ibm.com\n"  );
    exit(0);
  }
  if( !strncmp(argv[2],"/"   ,2 ) || !strncmp(argv[2],"/etc", 5 ) ||
      !strncmp(argv[2],"/bin",5 ) || !strncmp(argv[2],"/lib", 5 ) ||
      !strncmp(argv[2],"/tmp",5 ) || !strncmp(argv[2],"/usr", 5 ) ||
      !strncmp(argv[2],"/dev",5 ) || !strncmp(argv[2],"/sbin",6) ){
    (void)printf("ERROR: Bad top directory %s, see nweb -?\n",argv[2]);
    exit(3);
  }
  if(chdir(argv[2]) == -1){
    (void)printf("ERROR: Can't Change to directory %s\n",argv[2]);
    exit(4);
  }

  /* 建立服务器侦听端口 socket*/
  if((listenfd = socket(AF_INET, SOCK_STREAM,0)) <0)
    logger(ERROR, "system call","socket",0);
  port = atoi(argv[1]);
  if(port < 0 || port >60000)
    logger(ERROR,"Invalid port number (try 1->60000)",argv[1],0);
  serv_addr.sin_family = AF_INET;
  serv_addr.sin_addr.s_addr = htonl(INADDR_ANY);
  serv_addr.sin_port = htons(port);
  if(bind(listenfd, (struct sockaddr *)&serv_addr,sizeof(serv_addr)) <0)
    logger(ERROR,"system call","bind",0);
  if( listen(listenfd,64) <0)
    logger(ERROR,"system call","listen",0);
  for(hit=1; ;hit++) {
    length = sizeof(cli_addr);
    if((socketfd = accept(listenfd, (struct sockaddr *)&cli_addr, &length)) < 0)
      logger(ERROR,"system call","accept",0);
      web(socketfd,hit); /* never returns */
  }
}
```

1.4 开发环境与测试环境

本书的开发环境，即代码的编写、编译和调试分别使用 vim、gcc/g++和 gdb 来完成。对于 vim 程序相关命令的使用方法请查阅相关文献。编写源代码除了使用 vim，还可以使用 emacs、sublime text 和其他文本编辑器工具。另外，本书开发环境还将使用 make 对项目工程中的众多代码文件进行集中编译。

测试环境包含两方面内容：一方面是性能统计、测试工具为 vmstat、iostat、iotop、netstat、perf 和 http_load；另一方面是 Web 服务器运行逻辑正确性测试工具 —— Web 浏览器，如 Chrome、Firefox 或 IE。

以上工具将被部署在不同的位置，具体如图 1-2 所示。http_load 和 Web 浏览器将被部署到客户端，分别用来测试 Web 服务器的功能和性能。vim、make、GCC/g++、GDB、vmstat、iostat、iotop、netstat 和 Perf 部署在服务器，分别用来编写、编译、调试服务端程序，并进行 CPU、内存、磁盘、网络性能统计和应用程序的性能分析。

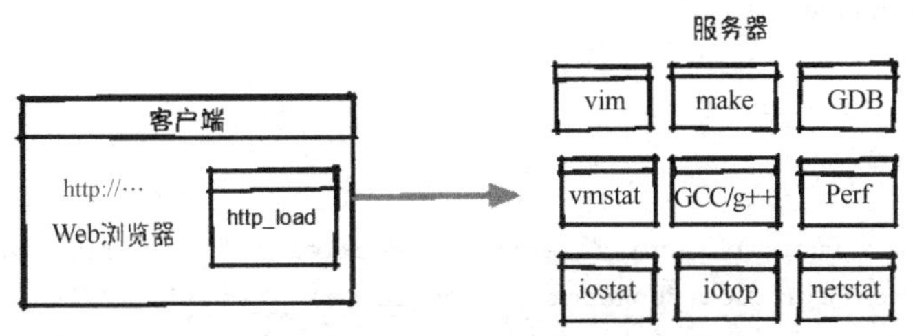

图 1-3 开发和测试环境工具部署视图

1.4.1 GCC

GCC 是 GNU 项目下的一个编译系统，用以支持各种程序的编译。本节将主要关注与 C 语言相关的常用编译参数选项。GCC 程序在编译程序时包含预处理（Pre-Processing）、编译（Compiling）、汇编（Assembling）和链接（Linking）4 个阶段。每个阶段对应不同内容信息的输出。

- **预处理阶段**

该阶段执行 C 语言代码中的预处理及宏指令。根据#include 指令，在文件的相应位置插入引入的文件；根据#define 指令，将代码中相应宏替换为定义的字符串。该阶段可以使用 gcc 命令中的“-E”参数来完成。例如：

```
gcc -E client.c -o client.i
```

将对 client.c 文件进行预处理，并将预处理结果保存为 client.i 文件。打开 client.i 文件，代码如下，将会发现在源文件中的#include 指令的位置插入了相关头文件的内容，并且 main() 中的宏被替换为具体定义的数值。

```
#577 "/usr/include/sys/socket.h" 3 4
struct msghdr {
 void *msg_name;
 socklen_t msg_namelen;
 struct iovec *msg_iov;
 int msg_iovlen;
 void *msg_control;
 socklen_t msg_controllen;
 int msg_flags;
};
# 577 "/usr/include/sys/socket.h" 3 4
struct cmsghdr {
 socklen_t cmsg_len;
```

```
 int cmsg_level;
 int cmsg_type;
};
# 668 "/usr/include/sys/socket.h" 3 4
struct sf_hdtr {
 struct iovec *headers;
 int hdr_cnt;
 struct iovec *trailers;
 int trl_cnt;
};
int accept(int, struct sockaddr * restrict, socklen_t * restrict)__asm("_" "accept" );
int bind(int, const struct sockaddr *, socklen_t) __asm("_" "bind" );
int connect(int, const struct sockaddr *, socklen_t) __asm("_" "connect" );
int getpeername(int, struct sockaddr * restrict, socklen_t * restrict)__
asm("_" "getpeenme";
int getsockname(int, struct sockaddr * restrict, socklen_t * restrict)__
asm("_" "getsockname" );
int getsockopt(int, int, int, void * restrict, socklen_t * restrict);
int listen(int, int) __asm("_" "listen" );
ssize_t recv(int, void *, size_t, int) __asm("_" "recv" );
ssize_t recvfrom(int, void *, size_t, int, struct sockaddr * restrict,socklen_t *
restrict) __asm("_" "recvfrom" );
ssize_t recvmsg(int, struct msghdr *, int) __asm("_" "recvmsg" );
ssize_t send(int, const void *, size_t, int) __asm("_" "send" );
ssize_t sendmsg(int, const struct msghdr *, int) __asm("_" "sendmsg" );
ssize_t sendto(int, const void *, size_t,int, const struct sockaddr *, socklen_t)__
sm("_" "sendto" );
int setsockopt(int, int, int, const void *, socklen_t);
int shutdown(int, int);
int sockatmark(int) __attribute__((availability(macosx,introduced=10.5)));
int socket(int, int, int);
int socketpair(int, int, int, int *) __asm("_" "socketpair" );
int sendfile(int, int, off_t, off_t *, struct sf_hdtr *, int);
……
……
main()
{
int i,sockfd;
char buffer[8196];
static struct sockaddr_in serv_addr;

 printf("client trying to connect to %s and port %d\n","192.168.0.8",8181);
 if((sockfd = socket(2, 1,0)) <0)pexit("socket() error");

 serv_addr.sin_family = 2;
 serv_addr.sin_addr.s_addr = inet_addr("192.168.0.8");
 serv_addr.sin_port = ((__uint16_t)(__builtin_constant_p(8181) ? ((__uint16_t)(((__
```

```
uint16_t)(8181) & 0xff00) >> 8)|(((__uint16_t)(8181) & 0x00ff) << 8))):_OSSwapInt16
(8181)));


    if(connect(sockfd, (struct sockaddr *)&serv_addr, sizeof(serv_addr)) <0)  pexit
   ("connect() error");


    printf("Send bytes=%d %s\n",strlen(httprequestMsg), httprequestMsg);
    write(sockfd, httprequestMsg, strlen(httprequestMsg));


    while( (i=read(sockfd,buffer,8196)) > 0)
     write(1,buffer,i);

            close(sockfd)
   }
```

- **编译阶段**

在此阶段，GCC 将检查代码的语法规范，并将 C 语言代码编译成汇编代码。该阶段可以使用 gcc 命令中的“-S”参数来完成。例如：

```
gcc -S client.i -o client.s
```

将生成 client.c 的汇编代码文件 client.s。当然也可以直接使用“gcc -S client.c -o client.s”命令完成汇编代码的生成，这时将包括预处理和汇编两个阶段。具体 client.s 汇编代码片段如下。

```
    .section    __TEXT,__text,regular,pure_instructions
    .macosx_version_min 10, 12
    .globl      _pexit
    .p2align    4, 0x90
   _pexit:                                          ## @pexit
    .cfi_startproc
   ## BB#0:
    pushq       %rbp
   Ltmp0:
    .cfi_def_cfa_offset 16
   Ltmp1:
    .cfi_offset %rbp, -16
    movq        %rsp, %rbp
   Ltmp2:
    .cfi_def_cfa_register %rbp
    subq        $16, %rsp
    movq        %rdi, -8(%rbp)
    movq        -8(%rbp), %rdi
    callq       _perror
    movl        $1, %edi
```

```
 callq     _exit
 .cfi_endproc

 .globl    _main
 .p2align  4, 0x90
_main:                                  ## @main
 .cfi_startproc
## BB#0:
 pushq     %rbp
Ltmp3:
 .cfi_def_cfa_offset 16
Ltmp4:
 .cfi_offset %rbp, -16
 movq      %rsp, %rbp
Ltmp5:
…
```

- **汇编阶段**

在此阶段，GCC 将汇编代码转换为二进制目标代码。该阶段使用 gcc 命令中的“-c”参数来完成。例如：

```
gcc -c client.s -o client.o
```

同样也可以使用“gcc -c client.c -o client.o”命令连续进行预处理、编译和汇编三个阶段的处理。在使用“gcc -g -o client.o client.c”命令后，可以使用“objdump -s client.o”命令查看 C 语言源代码及其对应汇编代码的混合输出，其显示效果如下。

```
…
; printf("client trying to connect to %s and port %d\n",IP_ADDRESS,PORT);
100000ccc:  b0 00   movb    $0, %al
100000cce:  e8 b9 01 00 00          callq   441
100000cd3:  bf 02 00 00 00          movl    $2, %edi
100000cd8:  be 01 00 00 00          movl    $1, %esi
100000cdd:  31 d2   xorl    %edx, %edx
; if((sockfd = socket(AF_INET, SOCK_STREAM,0)) <0) //新建一个客户端 socket
100000cdf:  89 85 e4 df ff ff       movl    %eax, -8220(%rbp)
100000ce5:  e8 ae 01 00 00          callq   430
100000cea:  89 85 e8 df ff ff       movl    %eax, -8216(%rbp)
100000cf0:  83 f8 00        cmpl    $0, %eax
100000cf3:  0f 8d 0c 00 00 00       jge     12 <_main+0x65>
100000cf9:  48 8d 3d 85 02 00 00    leaq    645(%rip), %rdi
; pexit("socket() error");
100000d00:  e8 7b ff ff ff          callq   -133 <_pexit>
100000d05:  48 8d 3d 6d 02 00 00    leaq    621(%rip), %rdi
; serv_addr.sin_family = AF_INET;    //设置 socket IPv4
100000d0c:  c6 05 66 03 00 00 02    movb    $2, 870(%rip)
```

```
; serv_addr.sin_addr.s_addr = inet_addr(IP_ADDRESS);//设置 IP 地址
100000d13:  e8 68 01 00 00          callq   360
100000d18:  48 8d 3d 59 03 00 00    leaq    857(%rip), %rdi
100000d1f:  ba 10 00 00 00          movl    $16, %edx
100000d24:  89 05 52 03 00 00       movl    %eax, 850(%rip)
…
```

- **链接阶段**

在此阶段，GCC 通过使用链接器 ld 将多个二进制目标文件和库文件链接在一起，以生成可执行格式的文件。例如：

```
gcc client.o -o client
```

同样也可以使用“gcc client.c -o client”命令将上述 4 个阶段一起执行，并生成可执行程序。

除了涉及以上编译阶段的参数指令，还有以下一些参数选项比较常用。

-include file 用于引入某个头函数文件，如命令“gcc client.c -include /usr/include/example.h”，在编译 client 文件时，需要使用 example.h 的头文件。

-idir 的作用是，当 GCC 遇到源代码中“#include file.h”时，将在当前文件目录查找 file.h 头文件，如果没有找到，就到缺省目录中进行查找。在此命令指定目录后，GCC 将首先在指定目录进行头文件查找，如没有找到则再按上述查找顺序进行查找。

-llibrary 用于指定 GCC 在链接阶段使用的库文件。

-ldir 用于指定 GCC 链接阶段库文件所在路径。

例如，“gcc-o webserver webserver.o-L.-ldisplay”命令，将 webserver.o 文件与库 libdisplay.so 链接在一起，并生成可执行程序 webserver。

-g 的作用是在编译过程中产生调试信息，这些信息可供 GDB 等调试器使用。

-static 用于 GCC 生成静态库文件。

-shared 用于 GCC 生成动态库文件。

-fPIC 表示生成与位置无关的代码。

例如，“gcc -shared -fPIC display.c -o libdisplay.so”将生成 libdisplay.so 动态链接库。

-std 表示 GCC 支持的 C 语言标准，其取值有 C89，C99，gnu99 等，表示其支持的 C 语言版本标准。例如，“gcc -std=C99 client.c -o client”命令表示 client.c 文件使用 C 语言 1999 年版本标准进行编写。

-pedantic 的作用是当 GCC 在编译时，将不符合相关语言标准的源代码进行标注，并产生相应的警告。

-wall 能使 GCC 产生尽可能多的警告信息。

-werror 能使 GCC 将警告信息看作程序的语法错误。使用此编译选项，将使 GCC 停在出现警告的位置。

-O0、-O1、-O2、-O3 表示编译器生成优化代码的程度。其中，-O0 表示没有优化；-O1 为缺省值，尽量采用一些优化算法缩减代码和提高代码执行速度；-O2 会牺牲部分编译速度，除具有-O1 所有的优化外，还会采用支持目标配置的优化算法来提高代码执行速度；-O3 除具有-O2 所有优化的选项外，还利用 CPU 内部结构采用很多向量化优化算法，其产生的代码运行速度最快。

1.4.2 构建 makefile

makefile 是一个包含命令集的文件，此文件中的命令能够被 make 程序解析并执行，以完成大型程序的编译、部署等工作。可以想象一下，在一个大型工程项目中有成千上万个代码文件，而这些代码文件被放置在不同的目录里。如果将这些文件按照工程项目要求生成不同类型的可执行程序，那么该怎么按照这些要求来编译、链接和生成这些程序代码呢？20 世纪 70 年代，贝尔实验室的 Stuart Feldman 在 UNIX 系统上创建了 make 工具来完成上述任务要求。

编写能够被 make 程序解析执行的 makefile 文件，需要掌握其编写规则，其具体编写规则如下。

```
target: prerequisites
        command1
        command2
        …
        commandn
```

其中，target 表示命令执行的目标，其可以是生成的目标文件，也可以是一个标签；prerequisites 表示完成 target 目标所需的前提条件，前提条件可以是文件或标签；command1、comomand2、…、commandn 表示要完成目标所需执行的 shell 命令。

此规则可以被解析为若要实现目标 target，则需要先执行前提条件，当前提条件已经被执行后，完成 command 中指定的命令。target 和 prerequisites 使得多个规则之间形成了偏序关系。make 程序总能知道先执行哪个 target 和后执行哪个 target。例如，下面的 makefile 文件，完成对具有 3 个头文件和两个 C 文件的项目编译和程序生成。该 makefile 文件主要生成了 webserver.o、libdisplay.so 和 webserver 三个文件。其中，webserver.o 是编译后的目标二进制文件，libdisplay.so 是静态库文件，webserver 是可执行程序。

```
webserver: webserver.o libdisplay.so
   gcc -g -o webserver webserver.o -L. -ldisplay

webserver.o: webserver.c webserver.h display.h counter.h
   gcc -g -c webserver webserver.c
libdisplay.so: display.c display.h
   gcc -g -shared -fPIC display.c -o libdisplay.so

clean:
  rm webserver webserver.o libdisplay.so
```

1.4.3 GDB

GDB 是 GNU 项目下的调试器，其能够调试由 Ada、C、C++、Objective-C、Pascal 等许多程序语言编写的程序。GDB 是 Linux 平台下被广泛使用的调试器，具有跟踪程序运行、断点调试、动态修改程序数据等特点。GDB 进行指定程序调试的前提是该程序在使用 GCC 编译时使用参数 g。

本节将介绍 GDB 常用的命令，更详细的命令参数请查阅其使用手册。需要注意的是，在使用 GDB 命令过程中，为了调试方便，很多命令有缩写方式。

- **GDB 启动**

GDB 调试指定程序包含以下三种启动方式：直接命令启动、恢复程序执行现场、调试指定运行程序。

`gdb program` 表示使用 GDB 启动一个指定程序，其中 `program` 表示此程序名。

`gdb program core` 表示要恢复指定程序运行的现场，其中 `core` 表示程序非法执行后由 `core dump` 产生的文件。此命令常用于分析程序运行崩溃的原因。如果使操作系统产生 `core dump`，需使用 `ulimit -c unlimited` 命令解除操作系统对生成 `core` 文件的限制。

`gdb program PID` 表示跟踪调试目前正在运行的程序，其中 `PID` 表示此程序运行的进程标识符。该命令可使 GDB 关联到正在运行的程序，并调试它。

- **list 命令**

GDB 启动后，在调试环境中可以使用 `list` 命令来查看程序文件的源代码，其缩写命令为“`l`”。`list` 命令后可以跟指定的代码行和指定的函数名。例如，`list 80` 或 `l 80` 表示列出代码第 80 行处的源代码；而 `list main` 或 `l main` 表示列出 `main()` 附近的源代码。

- **break 命令**

`break` 命令用来设置程序运行断点，其缩写命令为“`b`”。`break` 命令可为指定函数、指定文件代码行、指定内存地址设置断点。

`b function` 表示在指定函数入口设置断点。

`b linenum` 表示在指定代码行设置断点。

`b +offset` 或 `b - offset` 表示在当前代码行后面或前面 `offset` 行设置断点。

`b filename:function` 表示在指定文件中的函数设置断点。

`b filename:linenum` 表示在指定文件中的代码行设置断点。

`b *address` 表示在程序运行的指定内存地址设置断点。

`break` 命令还支持设置条件断点，其命令格式为 `b … if condition`，其中…表示上述 `break` 命令参数，`condition` 为断点条件。例如，`b client.c:web if hit==1` 表示在参数变量 `hit` 等于 1 时位置为 `client.c` 文件中 `web()` 的断点有效。

断点设置成功后会为此断点返回一个断点号，断点号与断点一一对应，可以作为其他断点相关命令的参数来使用。

- **断点操作命令**

在通过 `break` 命令设置断点后，可以使用 `info`、`clear`、`delete`、`disable` 和 `enable` 等命令操作断点。

`info break` 命令用于查看目前设置的所有断点信息。

`clear` 命令用于清除由 `break` 命令设置的断点。例如，`clear` 用于清除所有由 `break` 设置的断点，`clear linenum` 用于清除指定行的断点，`clear filename:linenum` 用

于清除指定文件中代码行上的断点，clear filename:function 用于清除指定文件中函数上的断点。

delete breakpoints 或 delete range 命令用于清除指定断点号的断点。其中，breakpoints 表示指定的断点号，如果没有指定断点号，则清除所有的断点；range 表示断点号范围，例如 clear 2～6 命令表示清除断点号为 2～6 的断点。

disable breakpoints 或 disable range 命令能使指定断点号的断点失效，例如 disable 2～6 将使断点号为 2～6 的断点失效。与 clear 和 delete 命令相比，disable 命令并不删除断点，可以通过 enable 命令恢复失效的断点。

enable breakpoints 或 enable range 命令可以恢复失效的断点。如果想让断点在执行一次后马上失效，则可以使用 enable breakpoints once 命令。

- **watch 命令**

如果想让某个变量值发生变化后中断当前程序运行，可以使用 watch 相关命令。

watch expr 命令的功能是为变量 expr 设置一个观察点。一旦这个变量值发生变化，将中断当前程序运行。

rwatch expr 命令的功能是当 expr 变量被读取时中断当前程序。

awatch expr 命令的功能是当 expr 变量被读或被写时中断当前程序。

观察点操作命令与断点操作命令相同，如下所示。

```
(gdb) info breakpoints
Num Type           Disp Enb Address    What
1   breakpoint     keep y   0x080483c6 in main at test.c:5
        breakpoint already hit 1 time
4   hw watchpoint  keep y   x
        breakpoint already hit 1 time
(gdb) disable 4
```

- **运行程序命令**

如果想让被调试的程序从头开始运行可以，则使用 run 命令，其缩写为“r”。

在程序运行时如果需要运行参数，则可以使用 set args 设置程序启动运行的参数。例如，set args 8181"/home/nwebdir"。

在程序被中断后，如果想让程序继续运行，可以使用 continue 命令，其缩写“c”。此命令将使程序运行到下一个断点或直到观察点变量发生变化。

- **单步运行命令**

如果想让程序单步运行，则可以使用 step 命令，其缩写为“s”。当程序单步运行到函数时，将进入函数的内部。

next 命令同样能使程序单步执行，其缩写为“n”。但是当程序运行到函数时，使用此命令并不会让调试器进入该函数，而是执行该函数，并跳到下一行。

finish 命令能继续运行程序，直到当前函数运行完毕并返回。

“si”和“ni”与“s”和“n”类似，只不过它们作用于汇编指令上。

- **backtrace 命令**

backtrace 命令用于打印当前函数调用栈的所有信息，其缩写为“bt”。

- **帧命令**

frame 命令用于查看当前栈层的信息，其缩写为“f”。

frame n 命令用于将程序运行栈切换到 n。其中 n 是栈中层次编号，0 表示栈顶。

- **查看运行数据**

print expr 命令用于显示指定变量 expr 的数值，其缩写为“p”。

print file::variable 命令或 print function::variable 命令可以用来显示指定文件或函数中的变量值。

print address@len 命令用于显示数组内指定长度内的数值，其中，address 表示数组的首地址，len 表示要显示数据项的格式。例如，print a@4 用来显示数组 a 中 4 个数据项下的数值。

print $regiester 命令用于显示寄存器中数值，如 print $pc 用于显示当前 pc 寄存器中数值。

在输出变量值时，可以指定输出变量的格式参数。其中，x 表示按十六进制格式显示变量，d 表示按十进制格式显示变量，u 表示按十六进制格式显示无符号整型，o 表示按八进制格式显示变量，t 表示按二进制格式显示变量，a 表示打印一个内存地，c 表示按字符格式显示变量，f 表示按浮点数格式显示变量。

例如，p/x k 表示把 k 变量的数值按十六进制数输出。

- **display 命令**

display expr 命令用于自动显示变量的数值。当每次程序中断或单步跟踪调试时，会自动显示变量 expr 中的数值。

- **查看内存命令**

x address 命令用于查看指定内存中的数据。

- **退出命令**

quit 命令能使 GDB 退出。

- **GDB 多进程调试**

GDB 7.0 以上版本支持多进程调试，但需要通过设置 fork 模式参数来启动对多进程的调试。fork 模式的参数通过两个命令来体现：set follow-fork-mode[parent|child] 和 set detach-on-fork [on|off]。其中，follow-fork-mode 表示跟踪 fork 进程状态，如果将其设置为 parent，GDB 则跟踪调试父进程；如果将其设置为 child，GDB 则跟踪调试子进程。detach-on-fork 表示在 fork 后是否与不跟踪的进程脱离，如果将其设置为 on，则脱离不跟踪的进程；如果将其设置为 off，则不脱离不跟踪的进程。这两个参数的不同设置组合具有以下含义（见表 1-1）。

表 1-1　GDB 多进程跟踪参数设置表

follow-fork-mode	detach-on-fork	含义
parent	on	只调试主进程（GDB 默认）
child	on	只调试子进程
parent	off	同时调试两个进程，GDB 跟踪调试主进程，子进程阻塞在 fork 位置
child	off	同时调试两个进程，GDB 跟踪调试子进程，主进程阻塞在 fork 位置

info inferiors 命令用于查看正在调试的进程。

inferior infno 命令用于切换调试的进程。

add-inferior [-copies n][-exec executable]命令用于添加新的调试进程，其中-copies n 表示启动 n 份进程，-exec executable 表示要启动进程的程序文件名。

detach inferior inno 命令用于终止对指定进程的跟踪，其中 inno 为 GDB 中的进程标识号。

kill inferior inno 命令用于关闭指定的进程。

info threads 命令用于查看当前进程的线程态。

thread threadno 命令用于切换调试线程。

以下面程序为例，说明如何使用 GDB 来调试多进程、多线程程序。

```
#多进程、多线程程序
#include <stdio.h>
#include <unistd.h>
#include <pthread.h>

void childprocess();
void threadfunc();

int main(){
 pid_t pid=fork();
   if (pid == 0){
     childprocess();
   }
   else{
     pid_t parentpid=getpid();
     printf("Parent Id is %d\n", parentpid);
     printf("Child Id is %d \n", pid);
   }

}

void childprocess(){
  pid_t pid=getpid();
  pthread_t pt;
  int status=pthread_create(&pt,NULL, (void *)threadfunc,NULL);
  if (status!=0)
  {
   printf("Cannot create a new thread\n");
  }
  pthread_t tid=pthread_self();
  printf("Current process id is %d , current thread id is %ld \n", pid, tid);
  sleep(10000);
}

void threadfunc(){
  pid_t pid=getpid();
  pthread_t tid=pthread_self();
```

```
    printf("Current process id is %d , current thread id is %ld \n", pid, tid);
    sleep(10000);
}
```

调试过程如下所示。

```
gcc -g -o multiprocessthreads multiprocessthreads.c -lpthread
                                            #编译上面的多进程和多线程程序
gdb multiprocessthreads                     #启动 GDB
(gdb) set follow-fork-mode parent           #设置同时调试父子进程，GDB 跟踪调试主进程
(gdb) set detach-on-fork off
(gdb) b 10                                  #在代码第 10 行处设置断点
Breakpoint 1 at 0x4007c5: file multiprocessthreads1.c, line 10.
(gdb) b childprocess                        #设置函数断点
Breakpoint 2 at 0x400819: file multiprocessthreads1.c, line 23.
(gdb) b threadfunc                          #设置函数断点
Breakpoint 3 at 0x400884: file multiprocessthreads1.c, line 36.
(gdb) r                                     #从头开始运行
Starting program: /root/book-examples/multiprocessthreads1
[Thread debugging using libthread_db enabled]
Using host libthread_db library "/lib/x86_64-linux-gnu/libthread_db.so.1".
Breakpoint 1, main () at multiprocessthreads1.c:10
10       pid_t pid=fork();                  #停止在断点
(gdb) info inferiors                        #查看进程信息，从下面信息看到目前仅有一个主进程
  Num  Description       Executable
* 1    process 20527     /root/book-examples/multiprocessthreads1
(gdb) n                                     #单步运行
[New process 20533]...
11       if (pid == 0){
(gdb) info inferiors #查看进程信息，可以看到目前已经启动了两个进程，并且当前跟踪进程为父进程
  Num  Description       Executable
  2    process 20533     /root/book-examples/multiprocessthreads1
* 1    process 20527     /root/book-examples/multiprocessthreads1
(gdb) n                                     #单步运行
15           pid_t parentpid=getpid();
(gdb) inferior 2                            #转到子进程 2 进行跟踪调试
[Switching to inferior 2 [process 20533] (/root/book-examples/multiprocessthreads1)]
[Switching to thread 2 (Thread 0x7ffff7fca740 (LWP 20533))]
...
10       pid_t pid=fork();
Value returned is $1 = 0
(gdb) c                          #在子进程中继续运行，并在 childprocess 断点处停止
Continuing.
Breakpoint 2, childprocess () at multiprocessthreads1.c:23
23           pid_t pid=getpid();
(gdb) info threads               #查看目前线程个数，下面两个线程分别为已经创建的两个进程中的线程
  Id   Target Id         Frame
* 2 Thread 0x7ffff7fca740 (LWP 20533) "multiprocessthr" childprocess () at multipr-
```

```
ocessthreads1.c:23
    1 Thread 0x7ffff7fca740 (LWP 20527) "multiprocessthr" main () at multiproc-essthreads1.c:15
   …
   (gdb) n                        #执行 pthread_create 后，将创建新的线程，并且新创建的线程为 3
   [New Thread 0x7ffff77f6700 (LWP 20550)]
   [Switching to Thread 0x7ffff77f6700 (LWP 20550)]

   Breakpoint 3, threadfunc () at multiprocessthreads1.c:36
   36          pid_t pid=getpid();

   (gdb) info threads             #查看目前所有线程，其中标号为"*"的表示目前正在被跟踪的线程
     Id   Target Id          Frame
   * 3    Thread 0x7ffff77f6700 (LWP 20550)… threadfunc () at ultiprocessthreads1.c:36
     2     Thread 0x7ffff7fca740 (LWP 20533) … childprocess () at multiprocesst-hreads1.c:25
     1    Thread 0x7ffff7fca740 (LWP 20527) … main () at multiprocessthreads1.c:15
   (gdb) n                        #运行线程 3 中的代码
   Current process id is 20533 , current thread id is 140737353918272
   37          pthread_t tid=pthread_self();
   (gdb) thread 2                 #跟踪线程 2
   …
```

1.4.4 服务性能测试工具

1. http_load

http_load 命令能够对 Web 服务器进行性能压力测试，用户可以按照官方网站的说明进行安装，其主要参数如下。

-parallel num 表示并发客户端的数量。

-fetches num 表示所有客户端总共访问的次数。

-rate num 表示每秒访问频率。

-seconds num 表示总访问时间，以 s 为单位。

urls 为保存访问网页链接的文件。在文件内部保存要访问的页面链接地址，其文件格式如下所示。

```
http://127.0.0.1:8088/index.html
http://127.0.0.1:8088/example.html
 …
```

例如，运行测试命令 http_load -parallel 5 -fetches 50 -seconds 20 urls，表示同时启动 5 个客户端，并在 20s 内共抓取 50 个网页，其运行结果如下所示。

```
20 fetches, 5 max parallel, 5880 bytes, in 20.0022 seconds
294 mean bytes/connection
0.999891 fetches/sec, 293.968 bytes/sec
msecs/connect: 107.569 mean, 1017.36 max, 3.426 min
msecs/first-response: 4141.73 mean, 5013.75 max, 5.283 min
```

```
HTTP response codes:code 200 -- 20
```

以上运行结果反映了如下信息。

第 1 行 `20 fetches, 5 max parallel, 5880 bytes, in 20.0022 seconds` 表明在 20.0022s 内，最多启动 5 个客户端，共完成 20 次抓取，共传输 5880 字节。可以看出在 20s 内没有完成 50 次网页的抓取工作。

第 2 行 `294 mean bytes/connection` 表示每次连接平均传输的数据量。

第 3 行 `0.999891 fetches/sec, 293.968 bytes/sec` 表示每秒平均完成多少次网页传输，以及每秒传输的数据量。其中，`fetches/sec` 为常用的性能指标参数 QPT（每秒响应数量）。

第 4 行 `msecs/connect: 107.569 mean, 1017.36 max, 3.426 min` 表示建立请求连接的平均时间、最长时间和最短时间（单位为 ms）。其中，`msecs/connect` 为常用的性能指标参数（客户端与服务端建立连接的平均时长）。

第 5 行 `msecs/first-response: 4141.73 mean, 5013.75 max, 5.283 min` 表示每个连接（客户端）从发出 HTPP 请求消息到开始接收服务器第一个响应消息的平均时长、最长时间和最短时间。这里统计的时间信息是第 4 行参数已经建立好连接基础上的发送请求消息到接收响应消息之间的时间，可以看成服务器与客户端建立连接后，响应客户请求网页的时长。

第 6 行 `HTTP response codes:code 200 -- 20` 表示响应代码为 200 的有 20 个。

通过观察上面的参数数据，能够发现 Web 服务器所支持的并发访问量及响应时间、Web 服务器所支持的并发访问量和单位时间网络传输数据量等信息。通过这些信息，可对 Web 服务器的性能进行分析。例如，从上面的测试中可以看出，每秒才完成一个网页的数据传输，而传输的数据量约为 294 字节，并且命令 `msecs/first-response: 4141.73 mean` 中的数值较大，每个连接都等待了很长时间才得到服务器命令的响应信息。

2. Perf

Perf 是 Performance Event 的英文简称，是 Linux 内核的性能分析工具，它基于事件采样原理，以固定频率采集样本，分析这些样本在事件或函数中的数量，进而统计出运行各个函数消耗时间。Perf 能够分析服务器系统的性能热点，找到服务器代码中存在的问题。Perf 主要包含以下 5 种工具集。

- **perf list 命令**

`perf list` 命令用来查看 Perf 所支持的事件，这些事件包括软件事件和硬件事件，相关代码如下。

```
# perf list


List of pre-defined events (to be used in -e):
  cpu-cycles OR cycles                                [Hardware event]
  stalled-cycles-frontend OR idle-cycles-frontend     [Hardware event]
  stalled-cycles-backend OR idle-cycles-backend       [Hardware event]
  instructions                                        [Hardware event]
  cache-references                                    [Hardware event]
  cache-misses                                        [Hardware event]
```

```
branch-instructions OR branches                    [Hardware event]
branch-misses                                      [Hardware event]
bus-cycles                                         [Hardware event]

cpu-clock                                          [Software event]
task-clock                                         [Software event]
page-faults OR faults                              [Software event]
minor-faults                                       [Software event]
major-faults                                       [Software event]
context-switches OR cs                             [Software event]
cpu-migrations OR migrations                       [Software event]
alignment-faults                                   [Software event]
emulation-faults                                   [Software event]

L1-dcache-loads                                    [Hardware cache event]
L1-dcache-load-misses                              [Hardware cache event]
L1-dcache-stores                                   [Hardware cache event]
L1-dcache-store-misses                             [Hardware cache event]
L1-dcache-prefetches                               [Hardware cache event]
…
```

参数 e 用来指定监控的事件，具体参数使用格式如下。

```
-e <event>: [u | k | h | G | H]
```

其中，event 为要监控事件的名称；[u | k | h | G | H] 表示监控时间的位置，u 表示用户空间，k 表示内核空间，h 表示 hypervisor，G 表示在 KVM guests 内，H 表示不在 KVM guests 内。

例如，perf -e cycles 表示通过 Perf 来监控 CUP 运行指令次数的事件。

- **perf stat 或 perf top 命令**

perf stat 命令用于分析、统计程序运行的总体性能情况。例如，针对如下代码，执行编译命令“gcc -o perf-test -g -pg perf-test.c”。

```
//perf-test.c
#include "stdio.h"

void test() {
 int i,j;
 for (int i = 0; i < 1000000; i++){
    j=i;
 }
}

int main(void){
 test();
}
```

然后运行命令“perf stat ./perf-test”，运行结果如下。

```
Performance counter stats for './perf-test':
```

```
        6.323455      task-clock (msec)        #    0.924 CPUs utilized
               0      context-switches         #    0.000 K/s
               0      cpu-migrations           #    0.000 K/s
              49      page-faults              #    0.008 M/s
       7,820,657      cycles                   #    1.237 GHz
 <not supported>      stalled-cycles-frontend
 <not supported>      stalled-cycles-backend
       5,552,990      instructions             #    0.71  insns per cycle
       1,109,974      branches                 #    175.533 M/s
           6,413      branch-misses            #    0.58% of all branches

     0.006842042 seconds time elapsed
```

其中，task-clock 表示 CPU 的利用率；context-switches 表示进程上下文的交换次数；cpu-migrations 表示运行指令迁移 CPU 的次数（从一个 CPU 迁移到另一个 CPU）；page-faults 表示缺页次数；cycles 表示 CPU 逻辑时钟运行周期次数；instructions 表示运行的机器指令数量；branches 表示分支（代码中的跳转指令会产生分支）数量；branches-misses 表示预测分支失败的次数。

由上面的运行结果可知，该程序是计算密集型任务，其 CPU 的利用率为 92.4%。

下面使用 perf stat 命令分析 1.3 节中 socket 服务端代码（webserver.c）运行过程。首先，在服务端执行 gcc -o single-process-server -g -pg webserver.c，生成程序 single-process-server；然后，启动对该程序的分析，执行命令 perf stat./single-process-server 8088 web。在客户端，运行 http_ load（执行命令"http_load -parallel 5-fetches 50-seconds 20 urls"）向 single-process-server 发送请求消息。当 http_load 运行结束时，在服务端按"Ctrl+C"组合键结束 Perf，这时由 Perf 打印的结果如下所示。

```
 Performance counter stats for './single-process-server 8088 web':

        4.752166      task-clock (msec)        #    0.000 CPUs utilized
              28      context-switches         #    0.006 M/s
               1      cpu-migrations           #    0.210 K/s
              56      page-faults              #    0.012 M/s
       5,676,956      cycles                   #    1.195 GHz
 <not supported>      stalled-cycles-frontend
 <not supported>      stalled-cycles-backend
       2,875,555      instructions             #    0.51  insns per cycle
         549,947      branches                 #    115.726 M/s
          44,259      branch-misses            #    8.05% of all branches

    38.428969783 seconds time elapsed
```

由以上结果可以看出，single-process-server 是 I/O 密集型任务，因为 CPU 的利用率近似为零。

perf top 命令与 top 命令类似，能够定时刷新显示系统消耗过高的事件。例如，执行命令"perf top-e cycles"能监控到系统内消耗 cycles（CPU 资源）较多的代码。

```
Samples: 4K of event 'cycles', Event count (approx.): 173567283
Overhead  Shared Object             Symbol
  11.68%  [kernel]                  [k] igb_rd32
   3.06%  dockerd                   [.] runtime.scanobject
   1.85%  dockerd                   [.] runtime.greyobject
   1.24%  virtuoso-t                [.] 0x00000000004bc7ec
   1.19%  dockerd                   [.] runtime.heapBitsForObject
   1.17%  [kernel]                  [k] native_write_msr_safe
   1.16%  [kernel]                  [k] menu_select
   1.15%  perf                      [.] 0x0000000000080b77
   1.02%  [kernel]                  [k] int_sqrt
   0.88%  [kernel]                  [k] entry_SYSCALL_64
   0.88%  [kernel]                  [k] delay_tsc
   0.87%  perf                      [.] 0x000000000008b804
   0.85%  [kernel]                  [k] _raw_spin_lock_irqsave
```

- **perf record 命令**

perf record 命令能够记录指定事件在各个函数运行中出现的次数比例，并将相关信息保存到本地目录下 perf.data 文件中。例如，执行“perf record -e cpu-clock -g ./perf-test”命令后，Perf将统计 perf-test 中各个函数所消耗CPU时间。

- **perf report 命令**

perf report 命令用于读取由 perf record 创建的数据文件，并给出热点分析。例如，通过命令 perf report 将上面的 perf-test 统计结果进行如下显示。

```
Samples: 27  of event 'cpu-clock', Event count (approx.): 6750000
  Children     Self  Command    Shared Object      Symbol
+   88.89%    0.00%  perf-test   perf-test            [.] main
-   88.89%   88.89%  perf-test    perf-test            [.] test
     __libc_start_main
     main
     test
+   88.89%    0.00%  perf-test  libc-2.19.so          [.] __libc_start_main
+    7.41%    3.70%  perf-test  [kernel.kallsyms]     [k] __do_page_fault
+    7.41%    0.00%  perf-test  [kernel.kallsyms]     [k] do_page_fault
+    7.41%    0.00%  perf-test  [kernel.kallsyms]     [k] page_fault
+    3.70%    0.00%  perf-test  [kernel.kallsyms]     [k] filemap_map_pages
+    3.70%    0.00%  perf-test  [kernel.kallsyms]     [k] unmap_page_range
+    3.70%    0.00%  perf-test  [kernel.kallsyms]     [k] handle_pte_fault
+    3.70%    0.00%  perf-test  [kernel.kallsyms]     [k] unmap_single_vma
```

由上面的结果可以看出，CPU大多数时间消耗在 test()上。通过选择 test，并选择 annotate test 项，结果显示如下。可以看到 perf-test 消耗大量时间在跳转指令“jle 16”。

```
test  /home/csqlu/book-example/perf-test
       │            for (int i = 0; i < 1000000; i++)
       │      movl  $0x0,-0x8(%rbp)
       │    ↓ jmp   20
```

```
       │              {
       │                        j=i;
 12.50 │16:  ┌─→mov     -0x8(%rbp),%eax
       │     │  mov     %eax,-0x4(%rbp)
       │     │#include "stdio.h"
       │     │
       │     │void test() {
       │     │           int i,j;
       │     │           for (int i = 0; i < 1000000; i++)
       │     │  addl    $0x1,-0x8(%rbp)
 12.50 │20:  │  cmpl    $0xf423f,-0x8(%rbp)
 75.00 │     └──jle     16
       │              {
       │                        j=i;
       │              }
       │     }
       │        nop
       │        leaveq
       │     ← retq
```

- **perf timechart 命令**

perf timechart 命令可以通过图形的方式展现程序在系统中的运行情况。例如，首先在服务端执行 perf timechart record ./single-process-server 8088 web 命令，在客户端执行 http_load -parallel 5-fetches 50-seconds 20 urls 命令后，在服务端按“Ctrl+C”组合键终止 htt_load 运行；然后运行 perf timechart 命令，将输出 output.svg 文件。打开此文件，如图 1-4 所示。

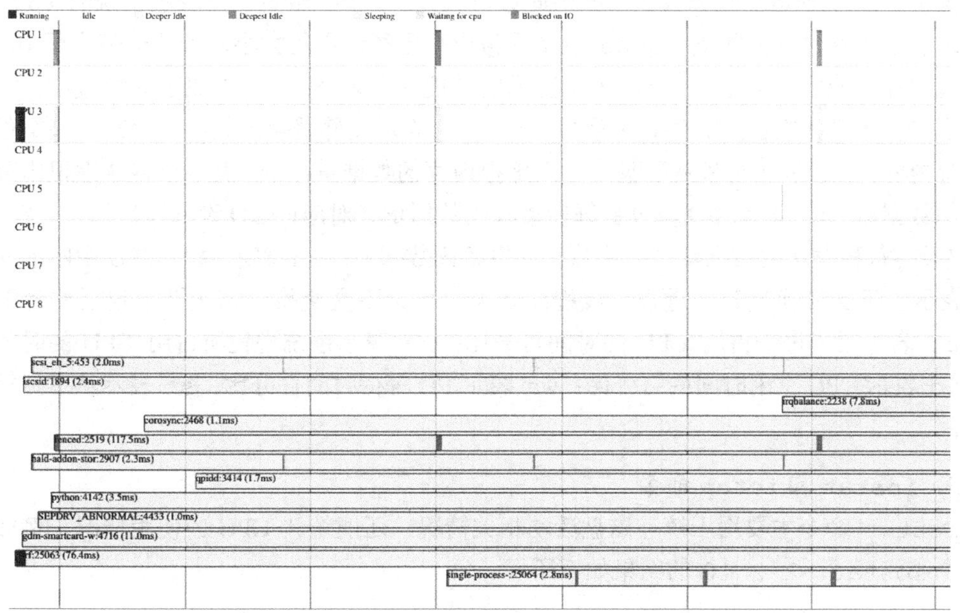

图 1-4　对 single-process-server 的分析

通过观察此图，很容易发现 CPU 的利用率并不高，并且 single-process-server

进程绝大部分时间都处在休眠或 I/O 操作的阻塞中，这也印证了上面通过 perf stat 命令得到的结论，即 single-process-server 是 I/O 密集型任务。

Perf 除了具有上述命令外，还有 perf sched、perf lock 和 perf kmem 等命令，它们分别用于统计调度器、锁和内核内存的使用情况。具体使用方法请参考 Perf Examples。

3. vmstat 命令

vmstat 命令能够以指定时间间隔显示系统中的 CPU、内存、虚拟内存及 I/O 的使用情况。常用的命令格式为 vmstat [interval [count]]，其中 interval 为统计数据的时间间隔；count 为统计次数。

例如，命令 vmstat 2 10 将以每 2s 的时间间隔统计 10 次系统状态，各列的含义如下。

```
procs -----------memory---------- ---swap-- -----io---- --system-- -----cpu-----
 r  b   swpd   free     buff    cache   si    so     bi    bo   in    cs us sy id  wa  st
 0  0     0 10271748 416908 4803120    0     0      4     2   16     9  0  0 100  0  0
 0  0     0 10271468 416908 4803124    0     0      0     0  139   323  0  0 100  0  0
 0  0     0 10271716 416908 4803124    0     0      0    44  110   104  0  0 100  0  0
 0  0     0 10271972 416908 4803124    0     0      0     0  137   320  0  0 100  0  0
 0  0     0 10271964 416912 4803124    0     0      0    38  115   103  0  0 100  0  0
 0  0     0 10272048 416912 4803124    0     0      0     0  128   317  0  0 100  0  0
 0  0     0 10272184 416912 4803124    0     0      0     0  133   323  0  0 100  0  0
 0  0     0 10272184 416916 4803124    0     0      0    38   99    96  0  0 100  0  0
 0  0     0 10272076 416916 4803124    0     0      0     0  140   328  0  0 100  0  0
 0  0     0 10272200 416916 4803128    0     0      0    46  147   334  0  0 100  0  0
```

其中，r 表示运行任务数量，如果此数值远大于 CPU 数量，则表示系统的 CPU 很繁忙；b 表示阻塞进程的数量；swpd 表示虚拟内存已经使用的大小，若此数值大于 0，则表示物理内存可能已经不足；free 表示空闲的物理内存大小；buff 表示系统缓冲区大小，用来存储目录中的文件及文件相关信息；cache 表示文件缓存区大小，用来存储文件中的一部分内容；si 表示每秒从磁盘中读入虚拟内存的数据量；so 表示每秒从虚拟内存写入磁盘的数据量；bi 表示 I/O 块设备每秒接收的数据量（对应向 I/O 设备写数据）；bo 表示 I/O 块设备每秒发送的数据量（对应从 I/O 设备读数据）；in 表示每秒 CPU 中断的次数；cs 表示上下文交换次数，进程、线程间切换需要上下文交换，系统调用也需要上下文交换；us 表示用户进程占用 CPU 的时间百分比；sy 表示系统进程所占用 CPU 的时间百分比；id 表示 CPU 空闲时间的百分比；wa 表示 I/O 等待时间百分比；st 表示从虚拟机挪用的时间。

4. iostat 和 iotop 命令

iostat 命令主要用于统计磁盘活动相关情况，还能统计 CPU 的使用情况。例如，运行命令 iostat -k 2 10 的结果如下所示。

```
avg-cpu:  %user   %nice %system %iowait  %steal   %idle
           0.07    0.00    0.24    0.02    0.00   99.67
```

```
Device:           tps    kB_read/s    kB_wrtn/s    kB_read    kB_wrtn
sdb              0.17        12.81         1.15    3112262     279640
sda              1.45         6.66        13.93    1619022    3383780

avg-cpu:  %user   %nice %system %iowait  %steal   %idle
           0.00    0.00    0.06    0.00    0.00   99.94

Device:           tps    kB_read/s    kB_wrtn/s    kB_read    kB_wrtn
sdb              0.00         0.00         0.00          0          0
sda              0.00         0.00         0.00          0          0

avg-cpu:  %user   %nice %system %iowait  %steal   %idle
           0.06    0.00    0.31    0.00    0.00   99.63

Device:           tps    kB_read/s    kB_wrtn/s    kB_read    kB_wrtn
sdb              0.00         0.00         0.00          0          0
sda              1.00         0.00        24.00          0         48

…
```

其中，tps 表示该设备每秒 I/O 请求次数；kB_read/s 表示每秒从磁盘中读多少字节；kB_wrtn/s 表示每秒向磁盘写多少字节。

iotop 命令的作用是以动态刷新的形式不停显示最新的系统 I/O 使用情况，具体情况如下所示。

```
Total DISK READ: 0.00 B/s | Total DISK WRITE: 0.00 B/s
  TID  PRIO  USER     DISK READ  DISK WRITE SWAPIN   IO>     COMMAND
17120 be/4  root        0.00 B/s    3.79 K/s  0.00 %  0.00   %./single-process-
server 8088 web
    1 be/4   root       0.00 B/s    0.00 B/s   0.00 %  0.00 % init
    2 be/4   root       0.00 B/s    0.00 B/s   0.00 %  0.00 % [kthreadd]
    3 rt/4   root       0.00 B/s    0.00 B/s   0.00 %  0.00 % [migration/0]
    4 be/4   root       0.00 B/s    0.00 B/s   0.00 %  0.00 % [ksoftirqd/0]
    5 rt/4   root       0.00 B/s    0.00 B/s   0.00 %  0.00 % [migration/0]
    6 rt/4   root       0.00 B/s    0.00 B/s   0.00 %  0.00 % [watchdog/0]
    7 rt/4   root       0.00 B/s    0.00 B/s   0.00 %  0.00 % [migration/1]
    8 rt/4   root       0.00 B/s    0.00 B/s   0.00 %  0.00 % [migration/1]
    9 be/4   root       0.00 B/s    0.00 B/s   0.00 %  0.00 % [ksoftirqd/1]
   10 rt/4   root       0.00 B/s    0.00 B/s   0.00 %  0.00 % [watchdog/1]
   11 rt/4   root       0.00 B/s    0.00 B/s   0.00 %  0.00 % [migration/2]
   12 rt/4   root       0.00 B/s    0.00 B/s   0.00 %  0.00 % [migration/2]
```

5. **netstat** 命令

netstat 命令用于查看系统网络接口的使用情况，其与 watch 命令结合使用，能够以动态视图的方式，实时观察系统的各个网络接口的发送和接收消息的情况。例如，若执行命令 watch-n 1-d netstat -antop，则将以每秒刷新屏幕，并将各个接口的统计信息输出到窗口，具体结果如下所示。

```
    Active Internet connections (servers and established)
    Proto Recv-Q Send-Q Local Address     Foreign Address      State     PID/Program name
Timer
    tcp        0      0     0.0.0.0:111           0.0.0.0:*         LISTEN        2260/rpcbind
    off (0.00/0/0)
    tcp        0      0     0.0.0.0:80            0.0.0.0:*         LISTEN        3391/nginx
    off (0.00/0/0)
    tcp        0      0     0.0.0.0:8084          0.0.0.0:*         LISTEN        4142/python
    off (0.00/0/0)
    tcp        0      0     0.0.0.0:8088          0.0.0.0:*         LISTEN
    30263/./single-proc off
    tcp        0      0    0.0.0.0:39272          0.0.0.0:*         LISTEN        2163/stap-
    serverd
    off (0.0/0/0)
    tcp       80      0   10.3.40.47:8088   10.120.53.172:56902  ESTABLISHED - off
    (0.00/0/0)
    tcp     79        0   10.3.40.47:8088   10.120.53.172:56904  ESTABLISHED - off
    (0.00/0/0)
    tcp     79        0   10.3.40.47:8088   10.120.53.172:56905  ESTABLISHED - off
    (0.00/0/0)
    tcp        0      0   10.3.40.47:22       10.120.53.172:54936  ESTABLISHED   26813/sshd
    keepalive
    …
```

其中，Recv-Q 表示此端口接收缓冲区中数据的字节数，这些数据未被用户取走；Send-Q 表示此端口发送到缓冲区中数据的字节数，这些数据被用户程序存放在此缓冲区，但未被发送出去。如果 Recv-Q 的数字过大，则说明接收消息的程序出现了拥塞/阻塞，不能即时从接收缓冲区提取数据。同理，Send-Q 的数字过大，则说明网络出现拥塞，不能向网络另一端发送数据。

1.4.5 性能指标

Berkeley 大学的研究人员给出了计算机系统中不同设备和组件的在 2019 年的数据传输时间，具体如表 1-2 所示。

在进行系统设计和性能分析时，可以参考这个数据表来发现影响系统运行性能的关键因素。例如，对于一个 I/O 读/写频繁的程序，经过测试发现系统通过磁盘读/写文件的速率为 5MB/s，远远低于表 1-2 中的磁盘传输数据速率项。因此可以认为影响目前系统性能的一个因素为文件读/写。通过进一步分析，发现该系统在进行读/写文件过程中出现了大量的阻塞操作，从而导致文件读/写速率较慢。

表 1-2 计算机系统器件数据传输时间 单位：ns

计算机系统器件数据传输	传输时间
L1 cache reference （读取 CPU 的一级缓存）	1
Branch mispredict（转移、分支预测）	3
L2 cache reference 读取（CPU 的二级缓存）	4
Mutex lock/unlock （互斥锁/解锁）	17

续表

计算机系统器件数据传输	传输时间
Main memory reference （读取内存数据）	100
Compress 1K bytes with Zippy（1K 字节压缩）	2000
Send 2000 bytes over commodity network（从网络发送 2000 字节）	62
Read 4K randomly from SSD （在 SSD 中随机读取 4K 字节）	16000
Read 1 MB sequentially from SSD（在 SSD 中顺序读取 1MB）	62000
Read 1 MB sequentially from memory（从内存顺序读取 1MB）	4000
Round trip within same datacenter （从一个数据中心往返一次 ping）	500000
Disk seek （磁盘寻道时间）	3000000
Read 1 MB sequentially from disk（从磁盘里读取 1MB）	947000
Send packet CA->Netherlands->CA （一个包的一次远程访问）	150000000

1.5　实验 1　Web 服务器的初步实现

题目 1：创建 makefile 文件，将 1.3 节中的 webserver.c 文件代码编译为 webserver 可执行程序。

题目 2：在指定目录内准备好 html 文件，以及该文件中链接的图片。例如，在/home/web 目录下有 index.html 文件和图像文件 favicon.ico、example.jpg，其代码如下所示。

```
<html>
  <head>
    <link rel="shortcut icon" href="favicon.ico"  type="image/x-icon"/>
    <title>The example web</title>
  </head>
  <body>
    <H1>webserver test page</H1>
    <p>
      Not pretty but it should prove that webserver works :-)
    <p>
    <IMG SRC="example.jpg">
  </body>
</html>
```

首先。启动服务器程序，例如，利用 webserver 8088 /home/web 命令将服务器的侦听端口设置为 8088，检索文件的根路径为/home/web；然后，在浏览器中输入 http://127. 0.0.1:8088/index.html，观察浏览器中是否能够正常显示网页。在目录中查找 webserver.log 文件，将其打开查看日志信息。

请解释为什么在浏览器中仅请求一次网页，而实际上服务器接收了很多次从浏览器发出的文件请求？

请查阅相关文献，说明浏览器在请求网页文件时，为加快 HTML 网页显示的速度，都采用了什么样的技术？

题目 3：修改 webserver.c 文件中函数 logger()源代码，使日志文件中每行信息的起始部分均有时间信息，以表示这行信息被写入的时间。

题目 4：在浏览器中多次快速单击刷新按钮后，为什么浏览器要隔很长一段时间才开始显示页面？请结合日志文件中的信息来分析具体原因。

题目 5：使用 `http_load` 工具对此服务器程序进行性能测试，并记录其返回的各种参数数据。同时在服务器端，使用 `vmstat`、`iostat` 和 `iotop` 等工具收集服务器运行时系统的各种数据，并对服务器进行分析，结合代码说明其对系统所带来的各种消耗。

题目 6：在 `server.c` 文件中增加相关计时函数，分析程序的哪个部分最耗时。使用 Perf 工具跟踪服务器程序，根据其运行报告对程序进行性能分析，请指出服务器中比较耗费时间的函数。

题目 7：根据题目 5 和题目 6 的结论，能否指出服务器性能差的原因，并给出相应的解决方法。

第 2 章 Web 服务器的多进程和多线程模型

2.1 背景介绍

在 1.5 节实现了一个简单的单进程 Web 服务器。当此 Web 服务器处理一个用户请求的网页时，其他用户对网页的请求将被阻塞，直到处理完这个用户的请求，才能响应其他用户的请求。这使此 Web 服务器不能满足在短时间内满足大量用户同时请求网页。本章将进程模型（2.2 节）和线程模型（2.3 节）引入此 Web 服务器中，使其能够并发处理大量的用户请求。

除此之外，为进一步提高 Web 服务器并发处理性能，本章还介绍了线程池模型（2.4 节）、业务分割模型（2.5 节）和混合模型（2.6 节）。其中，线程池模型利用“池”思想缓存和复用线程，避免因为线程的大量重复创建和销毁所带来的性能损失；业务分割模型通过将业务流程分解为更小粒度的操作单元，以缩短阻塞等待时间，进而提高系统的并发性能；混合模型利用进程和线程各自不同的特性，将多进程模型和多线程模型混合在一起，在提高系统性能的基础上保证了系统的健壮性。

2.2 进程模型

2.2.1 Linux 中创建进程的相关函数

进程是程序的一次执行过程。程序在执行过程中，操作系统要为其分配内存空间、CPU 和 I/O 等计算机资源。操作系统为方便管理程序运行中所需的计算机资源，将与程序运行相关的计算机资源抽象为进程。因为程序执行一次对应一个进程，而进程里面有程序运行所需的资源，所以操作系统可以通过对进程的管理，来掌握每个程序的执行状态和运行过程。如果程序 A 在运行时需用内存 200MB，并且需占用 socket 通信接口来进行通信，那么在程序 A 运行时，操作系统会为程序 A 分配这些资源，并将资源相关信息记入这次运行的进程中。当有多个程序需要并发运行时，操作系统为每个运行的程序分配计算机资源，并计入它们当前运行的进程中。

当操作系统中存在多个进程时，操作系统会为它们合理地分配计算机资源，以提高它们并发运行的效率。因此进程是操作系统资源分配和调度的基本单位。

Linux 为创建进程和使用进程提供了如下接口函数。

- **函数 `fork()`**

程序在执行函数 `fork()`后，Linux 会创建子进程，子进程和父进程共享程序 `fork()`

后面执行的代码。而且在创建子进程时，Linux 系统会将父进程内的大部分资源复制给子进程，这样子进程就能共享父进程已经获得的资源。为提高效率，fork()采取了写时复制技术，只有父子进程空间中的内容发生变化时，才将变化内容所在内存段复制一份给子进程，否则两个进程将会共享内存空间。写时复制技术极大地缩短了不必要的数据复制过程。

既然在执行 fork()后，父子进程会共享后面的程序代码，那么该如何让这两个进程执行不同的运行代码呢？这就需要根据 fork()的返回值来确定。父进程中获得的 fork()函数值为子进程的 PID，子进程获得的函数值应该为零。如果创建子进程失败，则父进程得到的 PID 为-1。具体运行逻辑见如下代码。

```
#include <stdio.h>
#include <unistd.h>
#include <sys/types.h>

int main(int argc,char *argv[]){
 pid_t pid=fork();
 if(pid==0)
     printf("This is a child process\n");   //child process executes the line
 else  //parent process executes the following line
     printf("This is a parent process, and its child process id is %d\n", pid);
 return 0;  //parent and child processes both execute the line
}
```

- **exec 系列函数**

exec 系列函数包括 execl()、execlp()、execle()、execv()和 execvp()，它们仅是调用的参数不同，但具有相同的语义。这些函数都是将当前进程替换为一个新的进程，并且这个新的进程与被替换的进程具有相同的 PID，它们的具体函数参数格式请查阅相关的函数手册，在这里仅以 execl()为例来说明其用途。例如，下面的代码将子进程替换为一个 ls 程序进程。当子进程开始执行时，将打印出 entering child process，但是当执行 execl()后，existing child process 将不会被打印，这是因为该子进程已经执行了 ls 进程。

```
#include <stdio.h>
#include <unistd.h>
#include <sys/types.h>

int main(int argc,char *argv[]){
 pid_t pid=fork();
 if(pid==0){
     printf("entering child process\n");
     execl("/bin/ls","ls","-l",NULL);
     printf("existing child process\n");
 }
 else
     printf("This is a parent process, and its child process id is %d\n", pid);
 return 0;
}
```

- **函数 vfork()**

利用函数 vfork()在创建子进程后，子进程与父进程共享空间，这样在子进程中修改的变量数据，在父进程也能够看得到。但是由于两个进程共享空间，很容易导致相互破坏运行堆栈。一般会在 vfork()子进程函数中使用函数 exec()替换父进程中的内容。

2.2.2 Linux 中进程间通信的相关函数

进程间通信是指两个或多个进程之间信息的共享，其主要方式包括管道、消息队列、共享内存、信号量、网络通信、文件等内容。具体函数如下。

- **管道**

管道是用于进程间通信的一种特殊文件，进程间通过对这个特殊文件的读/写来完成信息的传递。管道一般是半双工的，即数据流只有一个方向。管道分为匿名管道和命名管道，两者的用法有所不同。其中，匿名管道主要用于亲缘性进程之间（如父子进程和兄弟进程之间）；而命名管道并无上述限制，可在无关进程之间进行通信。

（1）int pipe（int fd[2]）

int pipe（int fd[2]）用来创建匿名管道，其中参数 fd[2]为对此管道的读/写操作描述符；参数 fd[0]为读描述符；参数 fd[1]为写描述符。当其用于父子进程通信时，因为通道为半双工的，所以在父子进程中要关闭相关的描述符，以获得不同的数据流向。例如，在父进程中关闭 fd[0]描述符，而在子进程中关闭 fd[1]描述符，则父进程负责向管道写数据、子进程从管道读数据；如果父子进程关闭的描述符相反，则数据流向也相反。具体父进程向子进程传递消息的示例代码如下。

```
#include <stdio.h>
#include <unistd.h>
int main()
{
 int fd[2];                   // 两个文件描述符
 pid_t pid;
 char readbuf[20];
      char* writebuf="pipe message";
 if(pipe(fd) < 0)             // 创建管道
       printf("create pipe error!\n");

 if((pid = fork()) < 0)       // 创建子进程
       printf("fork error!\n");
 else if(pid > 0)             // 父进程
 {
       close(fd[0]);          // 关闭读描述符
       write(fd[1], writebuf, strlen(writebuf));
 }
 else                         // 子进程
 {
       close(fd[1]);          // 关闭写描述符
       read(fd[0], readbuf, 20);
```

```
        printf("%s", readbuf);
    }

    return 0;
}
```

(2) **int mkfifo (const char *pathname, mode_t mode)**

int mkfifo (const char *pathname, mode_t mode) 用来创建命名管道，此命名管道是文件系统中一个特殊设备文件。通过参数 pathname 指定该命名管道文件的名称；通过参数 mode 确定这个文件的权限。当创建好该文件时，可以使用文件操作函数 open()来打开该文件，以进行读/写操作。与普通文件的打开操作模式略有不同，其不包含 O_RDWR 模式（读/写模式）。其中，open()中的 flag 参数可以读、写、阻塞和非阻塞。具体有以下 4 种模式。

O_RDONLY：open()将会调用阻塞，除非有另一个进程以写的方式打开同一个 FIFO，否则一直等待。

O_WRONLY：open()将会调用阻塞，除非有另一个进程以读的方式打开同一个 FIFO，否则一直等待。

O_RDONLY|O_NONBLOCK：以非阻塞只读方式打开文件，无论是否有其他进程以写的方式打开此管道文件，open()均会成功返回，此时 FIFO 以读的方式被打开。

O_WRONLY|O_NONBLOCK：以非阻塞只写方式打开文件，如果此时没有其他进程以读的方式打开，open()会打开失败，此时 FIFO 没有打开，返回-1。

下面为利用命名管道解决生产者和消费者问题的代码。

```
//生产者进程,produce.c
#include <stdio.h>
#include <stdlib.h>
#include <fcntl.h>
#include <sys/stat.h>

int main(){
 int fd;
 int n, i;
 char* buf = "fifo example";
 time_t tp;
 // 以写方式打开一个 FIFO，如果此 FIFO 读进程不存在，则阻塞
 if((fd = open("fifo-example", O_WRONLY)) < 0) {
      perror("open fifo-example failed");
      exit(1);
 }
 printf("send message: %s to fifo-example file", buf);
 if(write(fd, buf, strlen(buf)) < 0) {     // 将 Buf 写入 FIFO 中
      perror("write fifo failed");
      close(fd);
      exit(1);

 }
 close(fd);                                // 关闭此 fifo-example 文件
```

```
    return 0;
  }
  //消费者进程 consumer.c
  #include <stdio.h>
  #include <stdlib.h>
  #include <errno.h>
  #include <fcntl.h>
  #include <sys/stat.h>

  int main()
  {
    int fd;
    int len;
    char buf[1024];

    if(mkfifo("fifo-example", 0777) < 0 ) {  // 创建 FIFO 管道
         printf("Please check the file must not exist in the directory\n");
         perror("Create FIFO Failed");
    }

    if((fd = open("fifo1", O_RDONLY)) < 0)   // 以读方式打开 FIFO
    {
         perror("Open FIFO Failed");
         exit(1);
    }

    while((len = read(fd, buf, 1024)) > 0)   // 读取 FIFO 管道
         printf("Read message: %s from the fifo-example pipe", buf);

    close(fd);                               // 关闭 FIFO 文件
    return 0;
  }
```

- **消息队列**

消息队列就是操作系统内核中存放消息的队列。消息队列中的数据并不依赖具体的进程而存在。消息队列可以很方便地作为多个进程之间交换数据的场所。消息队列与管道相比，可提供格式化数据的存储，而管道只能提供流式文件存储。Linux 支持 POSIX 接口和 System V 接口格式的消息队列，两种差别并不是太大。本节将以 POSIX 接口为例来介绍消息队列的使用。POSIX 队列的操作函数如下。

```
mqd_t mq_open(const char *name, int oflag);
mqd_t mq_open(const char *name, int oflag, mode_t mode,  struct mq_attr *attr);
```

其中，name 为消息队列名称；oflag 为打开队列的模式，包含 O_RDONLY、O_WRONLY、O_RWRD、O_CREATE、O_EXCL、O_NONBLOCK 等模式；当指定 oflag 为 O_CREATE 时，mode 指定消息队列的权限；attr 为消息队列的属性信息，如果其取值为 NULL，则会按默认值配置消息队列，其具体数据结构如下。

```
struct mq_attr {
    long mq_flags;       /* 此变量取值为 0 或 O_NONBLOCK */
    long mq_maxmsg;      /* 队列中能存放消息的最多数量 */
    long mq_msgsize;     /* 消息最大长度 */
    long mq_curmsgs;     /* 队列中存放消息的数量 */
};
```

用于设置或者获取指定消息队列属性的代码如下。

```
int mq_setattr(mqd_t mqdes, const struct mq_attr *newattr, struct mq_attr *oldattr)
```

或

```
int mq_getattr(mqd_t mqdes, struct mq_attr *attr)
```

用于发送消息到指定的消息队列的代码如下。

```
int mq_send(mqd_t mqdes, const char *msg_ptr,size_t msg_len, unsigned int msg_prio);
int mq_timedsend(mqd_t mqdes, const char *msg_ptr,size_t msg_len, unsigned int msg_
prio,const struct timespec *abs_timeout);
```

其中，参数 mqdes 为消息队列描述符，由 mq_open 创建；msg_ptr 和 msg_len 分别是消息的指针和长度；msg_prio 用于指定消息的优先级。如果消息队列满了就阻塞，则新的消息必须等到消息队列中有空间才能进入；如果在创建或打开消息队列时，将 oflag 设置为 O_NOBLOCK，则会报错；如果想让消息队列满后只等待有限的时间，则可以使用 abs_timeout 设置等待的时间。

用于从消息队列接收消息的代码如下。

```
ssize_t mq_receive(mqd_t mqdes, char *msg_ptr, size_t msg_len, unsigned int *msg_prio)
```

或

```
ssize_t mq_timedreceive(mqd_t mqdes, char *msg_ptr, size_t msg_len, unsigned int
*msg_prio, const struct timespec *abs_timeout);
```

向消息队列建立或删除消息通知事件的代码如下。具体应用请查阅相关文献。

```
int mq_notify(mqd_t mqdes, const struct sigevent *sevp)
```

关闭消息队列的代码如下。

```
int mq_close(mqd_t mqdes)
```

移除指定的消息队列的代码如下。

```
int mq_unlink(const char *name)
```

因为消息队列并不依附于进程而存在，所以在使用消息队列的最后一个进程关闭消息队列后，需使用函数 mq_unlink() 以给操作系统内核明确的信号来删除此消息队列；否则将会造成系统资源的浪费。

使用消息队列解决生产者和消费者问题的代码如下。

```
//头文件 book.h
struct book
{
```

```
    char name[36];
    int id;
};
//生产者进程 produce.c
#include <stdio.h>
#include <stdlib.h>
#include <sys/ipc.h>
#include <sys/msg.h>
#include <sys/types.h>
#include <unistd.h>
#include <errno.h>
#include <mqueue.h>
#include <fcntl.h>
#include <sys/stat.h>
int main()
{
    //创建一个消息队列，并且为只写方式
    mqd_t mqid = mq_open("/examplemq", O_WRONLY|O_CREAT, 0777, NULL);
    if (mqid == -1)
        err_exit("mq_open error");

    struct book bk = {"webbook", 11};
    unsigned prio = 2;
    //向此消息队列发送 book 实例消息
    if (mq_send(mqid, (const char *)&bk, sizeof(bk), prio) == -1)
        err_exit("mq_send error");
    //关闭这个消息队列
    mq_close(mqid);
    return 0;
}
   //消费者进程 consumer.c
int main()
{
    //以只读方式打开一个消息队列
    mqd_t mqid = mq_open("/examplemq", O_RDONLY);
    if (mqid == -1)
        err_exit("mq_open error");

    struct book bk;
    int itcv;
    unsigned prio;
    struct mq_attr attr;
    //获得消息队列的属性信息
    if (mq_getattr(mqid, &attr) == -1)
        err_exit("mq_getattr error");
    //从消息队列接收 book 信息
    if ((itcv = mq_receive(mqid, (char *)&bk, attr.mq_msgsize, &prio)) == -1)
        err_exit("mq_receive error");
```

```
    printf("receive book message from mq %d\n", itcv);
    printf("The book's id is %d and its name is %s\n", bk.id,bk.name);
        //关闭消息队列
        mq_close(mqid);
        //删除此消息队列
        mq_unlink(mqid);
        return 0;
}
```

- **信号量**

信号量表示可用资源的数量，其通过 P、V 操作来完成可用资源量的计数更新，从而达到进程间同步和互斥的目的。同样，Linux 系统中的信号量函数的操作函数也有两种：POSIX 和 System V。本节将主要对 POSIX 接口的信号量进行介绍。在 POSIX 中，将信号量分为无名信号量（unnamed semaphore）和有名信号量（named semaphore）两种。无名信号量是基于内存的信号量，如果不将其放入进程共享内存区，则无法在进程间使用，仅能在同一进程的多线程中使用；而有名信号量可以提供进程间的操作。

使用函数 `sem_init()`对无名信号量进行初始化，使用函数 `sem_destory()`对无名信号量进行销毁；使用函数 `sem_open()`对有名信号量进行初始化，使用函数 `sem_close()`关闭有名信号量资源，使用函数 `sem_unlink()`销毁进程间有名信号量资源。其他信号量的操作函数为两种信息量的公用函数。

```
sem_t *sem_open(const char *name, int oflag);
sem_t *sem_open(const char *name, int oflag,mode_t mode, unsigned int value);
```

有名信号量的打开或创建函数用于进程间同步和互斥操作，相关代码如下

```
int sem_close(sem_t *sem);
int sem_unlink(const char *name);
```

有名信号量的关闭和销毁函数如下。

```
int sem_init(sem_t *sem, int shared, unsigned int value);
int sem_destroy(sem_t *sem);
```

无名信号量的初始化和销毁函数主要用于多线程环境中，相关代码如下。

以下函数相当于对信号量的 P 操作，若其测试所指定信号量的值大于 0，则将它减 1 并返回；若等于 0，则调用进程或线程休眠，直到该值大于 0，将它减 1，函数随后返回。

```
int sem_wait(sem_t *sem);
```

以下函数相当于对信号量的 P 操作。但是该函数与上面的 `sem_wait` 不同的是，当其指定信号量的值为 0 时，其上的进程并不休眠，而是返回一个 `EAGAIN` 错误。

```
int sem_trywait(sem_t *sem);
```

以下函数相当于信号量的 V 操作。

```
int sem_post(sem_t *sem);
```

以下函数通过参数 `valp` 返回指定信号量中的当前数值。

```
int sem_getvalue(sem_t *sem, int  *valp);
```

- **共享内存**

共享内存是指多个进程之间共享的内存区域，这块内存区域可以被多个进程访问。在 POSIX 标准中，共享内存对象可以通过以下函数来实现。

```
int shm_open(const char *name, int oflag, mode_t mode);
int shm_unlink(const char *name);
```

其中，shm_open 用于创建内存或打开一个共享内存区域对象；shm_unlink 用于删除一个共享内存对象。若要实现多个进程之间共享内存区域，则还需要与函数 mmap()配合使用。

以下函数的主要作用是将文件或设备映射到调用进程空间中。当文件被映射到进程空间时，可以通过对该进程的虚拟地址读/写来完成文件的读/写操作，这样能够加快文件操作的 I/O 速度。该函数对共享内存对象进行进程内存映射。

```
void *mmap(void *start, size_t len, int prot, int flags, int fd, off_t offset)
```

其中，start 为被映射内容在进程空间内的起始地址，如果其值为 NULL，则使内核自动为其选择起始地址。len 为映射到进程地址空间的字节数。prot 为内存映射区域的读/写操作保护标志位，由 PROT_READ、PROT_WRITE、PROT_EXEC 和 PROT_NONE 等值组合而成，可以分别表示该内存区域的读、写、执行权限和无法访问。flags 表示映射内存类型，如果其值为 MAP_SHARD，则表示在映射内存区域内修改的数据对所有能访问该内存区域的进程可见；如果其值为 MAP_PRIVATE，则该内存区域的修改数据仅能被修改该区域的进程所见，其他进程看不到被修改的数据。fd 为文件、设备或共享内存区域对象描述符。offset 为当前文件、设备或共享内存区域对象的偏移位置。

通过函数 munmap（void *start, size_t len）可以从进程地址空间中删除一个映射。

下面的示例代码通过使用共享内存和信号量来完成父子进程协作计数。父子进程互斥地对共享内存中的数据进行修改以达到计数目的。

```
//semaphoreposix.c 文件
//使用下面的命令编译代码
// gcc -std=gnu99 -Wall -g -o semaphoreposix semaphoreposix.c -lrt -lpthread
#include <sys/mman.h>
#include <semaphore.h>
#include <stdio.h>
#include <stdlib.h>
#include <unistd.h>
#include <fcntl.h>
#include <sys/stat.h>
#include <sys/types.h>
#include <signal.h>

#define NUM 100
#define SEM_NAME "sem_example"
#define SHM_NAME "mmap_example"

int main(){
```

```
int count=0;
sem_t* psem;

//创建信号量，初始信号量为1
if((psem=sem_open(SEM_NAME, O_CREAT,0666, 1))==SEM_FAILED){
    perror("create semaphore error");
    exit(1);
}
int shm_fd;
//创建共享内存对象
if((shm_fd=shm_open(SHM_NAME,O_RDWR| O_CREAT,0666)) < 0){
    perror("create shared memory object error");
    exit(1);
}
/* 配置共享内存段大小*/
  ftruncate(shm_fd, sizeof(int));
//将共享内存对象映射到进程
void * memPtr = mmap(NULL, sizeof(int), PROT_READ | PROT_WRITE, MAP_SHARED, shm_fd, 0);

if(memPtr==MAP_FAILED){
    perror("create mmap error");
    exit(1);
}
//为此内存区域赋值
   * (int *) memPtr= count;
   //创建子进程
pid_t pid=fork();
if (pid==0)  //child process
{

    for (int i = 0; i < NUM; ++i)
    {      //信号量实现的临界区
        sem_wait(psem);
        printf("Child Process count value: %d\n", (*(int *) memPtr)++);
        sem_post(psem);
    }
}
else if (pid > 0){ // parent process
    for (int i = 0; i < NUM; ++i)
    {     //信号量实现的临界区
        sem_wait(psem);
        printf("Parent Process count value: %d\n", (* (int *)memPtr)++);
        sem_post(psem);
    }
    sleep(1);
    //卸载各种资源
```

```
        if (munmap(memPtr, sizeof(int)) == -1) {
            perror("unmap failed");
            exit(1);
            }
            if (close(shm_fd) == -1) {
            perror("close shm failed");
            exit(1);
            }
            if (shm_unlink(SHM_NAME) == -1) {
                  perror("shm_unlink error ");
                  exit(1);
            }
        if(sem_close(psem)==-1){
                  perror("close sem error");
                  exit(1);
            }
        if (sem_unlink(SEM_NAME)==-1) {
                  perror("sem_unlink error");
                  exit(1);
          }
    }else{
        perror("create childProcess error");
        exit(1);
    }

    exit(0);
   }
```

- **网络通信**

利用网络通信通过 socket 接口实现两个进程间的通信，这两个进程可以在同一主机上，也可以在不同主机上（不同主机之间有网络连接）。

2.2.3　多进程 Web 服务器模型

在实验 1 中，实现了一个基本的 Web 服务器，该 Web 服务器是单进程模型。首先当 Web 服务器接收到客户端请求时，建立一个网络连接，并从此连接解析请求的文件；然后从文件系统中读取这个文件并缓存；最后通过这个网络连接将缓存中的内容发送到客户端。当 Web 服务器处理这个客户端的上述步骤内容时，如果有其他客户端也请求连接 Web 服务器，则其他客户端的请求连接将被阻塞，直到 Web 服务器完成这个客户端的所有业务处理，才会从其他客户端连接中选择一个再进行上述步骤处理。如图 2-1 所示，客户 B 和其他的客户都被阻塞在 Web 服务器的函数 accept()，而当前 Web 服务器正在处理客户 A 的文件请求，也就是说其他客户端要等待客户 A 的请求被处理完才能依次被处理。很明显，这样的设计使 Web 服务器的并发处理客户请求的能力比较弱。

如果 Web 服务器在处理客户端连接中请求的文件时，也能够接收其他客户端的连接请求处理，则将会提高 Web 服务器的并发处理能力。如果采用多进程模型，则 Web 服务器在接收到客户端连接请求后，就会创建一个子进程，在这个子进程中进行客户端的文件请求处理。如果多个客户端同时请求连接，则会创建多个子进程。其中，每个子进程都会处理一个客户端的请求。这样就使得 Web 服务器能够在一个时间段内同时处理多个客户端请求，大大提高了其并发处理能力。

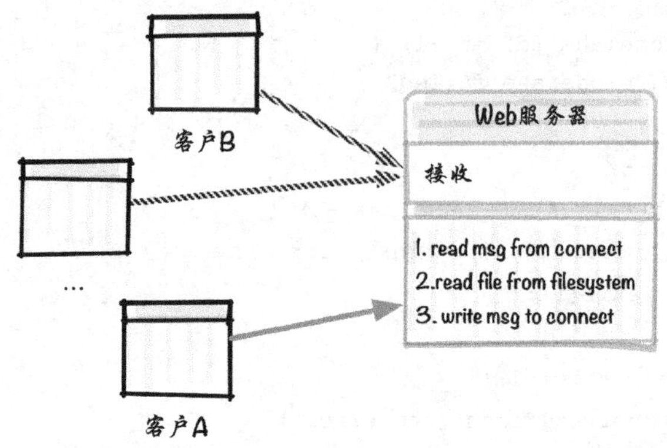

图 2-1 Web 服务器串行处理多用户同时请求的具体过程

Web 服务器并行处理多用户同时请求的具体过程如图 2-2 所示，当客户端请求连接 Web 服务器指定的侦听接口（虚线箭头）时，Web 服务器侦听到连接请求，将会与客户端建立连接通道（实线箭头），同时使用函数 fork()创建子进程。在这个子进程中处理连接通道，而父进程会马上返回到函数 accept()，继续等待新客户端的连接请求。这样就使得 Web 服务器为每个客户端都创建一个进程，进而处理其对文件的请求。

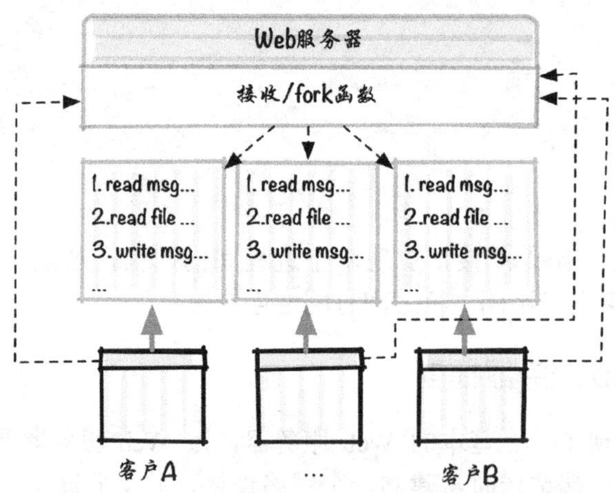

图 2-2 Web 服务器并行处理多用户同时请求的具体过程

2.3 实验 2 Web 服务器的多进程模型实现

根据 2.2.3 节对 Web 服务器多进程模型的描述，用多进程相关函数完成如下题目。

题目 1：使用函数 fork()，设计并实现 Web 服务器以支持多进程并发处理众多客户端的请求。

题目 2：使用信号量、共享内存等系统接口函数，统计每个子进程的消耗时间及所有子进程的总消耗时间。

题目 3：使用函数 http_load()测试当前设计的多进程 Web 服务器服务的性能，根据测试结果分析其比单进程 Web 服务器性能提高的原因。同时结合题目 2，分析当前多进程 Web 服务器的性能瓶颈，以及是否还能够继续提高此 Web 服务器的性能。

2.4 线程模型

2.4.1 Linux 线程模型

线程负责具体程序逻辑的执行，是处理器调度的基本单位。与进程相比，线程不具有独立的地址空间，可与进程内的其他线程共享进程的资源。因此线程具有容易共享信息、调度切换开销小等特点。在现代操作系统中，线程分为用户线程、内核线程和轻量级线程（Light Weight Process，LWP）三种类型。

- **用户线程**

用户线程由线程库在用户空间内创建、调度、同步和管理。由于用户线程由线程库来管理，它们之间的调度切换并不需要进行系统调用，因此调度切换开销小。

由于操作系统内核并不知道用户线程的存在，内核仅以用户线程所在的进程为单位进行处理器调度，因此此进程内的所有用户线程只能共享一个处理器资源，不能充分地利用多处理器。当一个用户线程进行系统调用而导致阻塞时，操作系统内核将阻塞其所在的进程，故此进程的其他用户线程也不能运行。

- **内核线程**

内核线程是由操作系统内核创建、调度和管理的线程。内核线程是操作系统调度的基本单位，这些内核线程在操作系统进程内竞争系统资源，如果有一个内核线程处于阻塞状态，则并不影响其他内核线程的调度和运行。由于内核线程间切换需要进行系统调用（用户态与系统态之间相互转换），因此切换开销较大。

- **LWP**

LWP 是一种由内核支持的用户线程，它基于内核线程的抽象概念，是用户线程与内核线程之间的桥梁。一个 LWP 与一个内核线程相对应，因此操作系统内核能够识别和调度 LWP。将用户线程绑定到 LWP 后，LWP 可以看成用户线程的虚拟处理器。

如果一个用户线程与一个内核线程相对应，则为一对一模型；如果多个用户线程与一个内核线程相对应，则为多对一模型；如果多个用户线程与多个内核线程相对应，则为多对多模型。每个操作系统都提供了不同的线程对应模型。

在目前的 Linux 中，默认的 POSIX 线程模型采用的是一对一模型，也就是说一个用户线程对应一个内核线程，其通过线程创建函数创建的线程是 LWP 类型。

2.4.2 POSIX 线程库接口

Linux 提供了兼容 POSIX 标准的线程操作 API，其主要函数如下所示。

线程创建函数如下。

```
int pthread_create (thread_t* thread, pthread_attr_t* attr,void* (start_routine)
 (void*), void* arg)
```

其中，参数 `thread` 是创建好线程的指针，用于后续的线程操作。`attr` 为线程属性指针，如果其值为 `NULL`，则按默认属性创建线程。`start_routine` 为完成线程逻辑功能的函数指针。`arg` 为向线程传递参数的指针，如果传递成功，则返回 0；如果传递失败，则返回-1。

退出当前线程函数如下。

```
void pthread_exit (void* retval)
```

其中，参数 retval 用来返回当前函数的退出值。

向目标线程发送请求终止信号的函数如下。

```
int pthread_cancel (pthread_t  thread)
```

其中，参数 thread 为要被取消运行的线程 id。当然在调用 pthread_cancel 时，并不意味着目标的线程一定被终止，而是在目标线程接收 cancel 信号后，自己决定如何响应这个信号，或忽略这个信号后，立即退出，或运行至取消点（cancellation-point）后再退出。

在此函数发出 cancel 信号后，由目标线程的 cancel state 来决定是否接收此 cancel 信号，如果 cancel state 是 PTHREAD_CANCEL_ENABLE（默认），则接收信号；如果 cancel state 是 PTHREAD_CANCEL_DISABLE，则不接收此信号。使用 int pthread_setcancelstate（int state,int *oldstate）函数对 cancel state 进行设置，其中参数 state 可以设置为上述两种状态之一。

当目标线程接收到 cancel state 信号时，目标线程的 cancel type 决定其何时取消。如果 cancel type 是 PTHREAD_CANCEL_DEFERRED（默认），则目标线程并不会马上取消，而是在执行下一条 cancellation point 时才取消；如果 cancel type 是 PTHREAD_CANCEL_ASYNCHRONOUS，则目标线程会立即取消。使用 int pthread_setcanceltype（int type, int *oldtype）函数对 cancel type 进行设置，其中参数 type 为上述两种状态之一。

而 cancellation point 用于调用 POSIX 库中 pthread_join、pthread_testcancel、pthread_cond_ wait、pthread_cond_timedwait、sem_wait、sigwait，以及 read、write 等函数的位置。

等待线程结束函数如下。

```
int pthread_join (pthread_t* tid, void** thread_return)
```

其中，参数 tid 为被等待的线程 id 指针；thread_return 为被等待线程的返回值，也就是 pthread_exit 中的参数值。如果当前线程调用此函数，则该线程将会被阻塞，直到被等待线程运行结束或者被其他线程取消运行，当前线程才会继续运行。另外，需要注意的是，一个线程不能被多个线程等待，否则除第一个等待线程外，其他等待线程均会返回错误值 ESRCH。

下面为 Linux 手册中关于函数 pthread() 的示例代码，其演示了上述函数的应用。

```
#include <pthread.h>
#include <stdio.h>
#include <errno.h>
#include <stdlib.h>
#include <unistd.h>

#define handle_error_en(en, msg) \
        do { errno = en; perror(msg); exit(EXIT_FAILURE); } while (0)
//进程函数
static void * thread_func(void *ignored_argument)
{
   int s;
```

```
/* 将线程中 cancel state 暂时改为不接收 cancel 信号，即不响应其他进程向它发出的 cancel 信号*/
    s = pthread_setcancelstate(PTHREAD_CANCEL_DISABLE, NULL);
  if (s != 0)
      handle_error_en(s, "pthread_setcancelstate");
  printf("thread_func(): started; cancellation disabled\n");
  sleep(5);
  printf("thread_func(): about to enable cancellation\n");
  /* 恢复线程中接收 cancel 信号的状态*/
  s = pthread_setcancelstate(PTHREAD_CANCEL_ENABLE, NULL);
  if (s != 0)
      handle_error_en(s, "pthread_setcancelstate");

  /* sleep 函数是一个 cancellation point */
  sleep(1000);          /* 定时休眠 */
  /* 下面的代码在正常情况下应该不会被执行*/
  printf("thread_func(): not canceled!\n");
  return NULL;
}
int main(void)
{
  pthread_t thr;
  void *res;
  int s;

  /* 创建一个线程，并向它发出 cancel 信号 */
  s = pthread_create(&thr, NULL, &thread_func, NULL);
  if (s != 0)
      handle_error_en(s, "pthread_create");

  sleep(2);             /* 为这个线程留出足够长的时间启动 */

  printf("main(): sending cancellation request\n");
  s = pthread_cancel(thr);
  if (s != 0)
      handle_error_en(s, "pthread_cancel");

  /* 调用 pthread_join 函数，并查看目标线程的退出状态*/
  s = pthread_join(thr, &res);
  if (s != 0)
     handle_error_en(s, "pthread_cancel");

  /* 调用 pthread_join 函数，并查看目标线程的接收状态*/
  s = pthread_join(thr, &res);
  if (s != 0)
      handle_error_en(s, "pthread_join");
```

```
    if (res == PTHREAD_CANCELED)
        printf("main(): thread was canceled\n");
    else
        printf("main(): thread wasn't canceled (shouldn't happen!)\n");
    exit(EXIT_SUCCESS);
}
```

以上代码正常运行后的结果如下。

```
thread_func(): started; cancellation disabled
main(): sending cancellation request
thread_func(): about to enable cancellation
main(): thread was canceled
```

对于 pthread 的属性设置，提供了如下接口函数。

属性初始化函数如下，该函数用于创建一个线程属性结构，并通过 attr 指向此结构。

```
int pthread_attr_init (pthread_attr_t* attr)
```

销毁一个线程属性结构的函数如下。

```
int pthread_attr_destroy (pthread_attr_t *attr)
```

设置线程作用域的函数如下。

```
int pthread_attr_setscope (pthread_attr_t* attr, int scope)
```

在 POSIX 标准中，参数 scope 可以取 PTHREAD_SCOPE_SYSTEM 和 PTHREAD_SCOPE_PROCESS，这两个值分别表示线程调度范围是在系统中还是在进程中。但是在 Linux 中仅支持 PTHREAD_SCOPE_SYSTEM（也就是一对一模型），如果 scope 取 PTHREAD_SCOPE_PROCESS，则会报错，返回 ENOTSUP。

设置分离属性的函数如下。

```
int pthread_attr_setdetachstate (pthread_attr_t* attr, int detachstate)
```

创建的线程分为分离状态和非分离状态。如果线程为分离状态（detachstate 取值为 PTHREAD_CREATE_DETACHED），则线程在运行完就自行结束，并释放资源；如果线程为非分离状态（detachstate 取值为 PTHREAD_CREATE_JOINABLE），则此线程需要等待函数 pthread_joint()返回后，才终止并释放资源。创建的线程默认为非分离状态。如果将线程状态设置为分离状态，则需要注意的是创建的线程运行可能非常快，在函数 pthread_create()没有返回时就已经运行结束，这时 pthread_create()中可能会得到操作的线程号。为了避免这个问题，可在创建线程过程中调用函数 pthread_cond_timewait()，让线程等待一段时间。

设置线程的 CPU 亲缘性的函数如下。在多个 CPU 环境下，如果设置一个线程在一个指定 CPU 运行，则需要调用此函数。

```
int pthread_attr_setaffinity_np (pthread_attr_t *attr, size_t cpusetsize, const
cpu_ set_t *cpuset)
```

如下代码指定线程运行在 0 号 CPU 上。

```
pthread_attr_t attr1;
pthread_attr_init(&attr1);
cpu_set_t cpu_info;
__CPU_ZERO(&cpu_info);
__CPU_SET(0,&cpu_info);
```

```
pthread_attr_setaffinity_np(&attr1, sizeof(cpu_set_t), &cpu_info)
```

设置线程的调度策略函数如下。

```
int pthread_attr_setschedpolicy (pthread_attr_t *attr, int policy)
```

其中，policy 可以取值 SCHED_FIFO、SCHED_RR 和 SCHED_OTHER。SCHED_OTHER 为默认的分时调度策略，表示线程一旦开始运行，直到时间片运行完或者阻塞或者运行结束才会让出 CPU 控制权，此状态下不支持线程的优先级。SCHED_FIFO 为实时调度，执行先来先服务的调度策略，一个线程一旦占有 CPU，就会运行到阻塞或者有更高优先级的线程到来。SCHED_RR 为实时调度，执行时间片轮转调度。

设置线程优先级的函数如下。

```
int pthread_attr_setschedparam (pthread_attr_t *attr, const struct sched_param
*param)
```

其中，sched_param 结构中仅有属性 sched_priority，用来设置线程的优先级。线程的优先级可以取 1～99 中任意一个数字，数值越大优先级越高。

以下代码利用上面的函数实现了线程的初始化，并设置调度线程的命令为 SCHED_FIFO，同时设置线程的调度优先级为 50。

```
pthread_attr_t attr;
struct sched_param param;
pthread_attr_init(&attr);
pthread_attr_setschedpolicy(&attr, SCHED_FIFO);
param.sched_priority = 50;
pthread_attr_setschedparam(&attr,&param);
```

2.4.3 Linux 线程间的同步与互斥

线程除了可以使用进程间通信函数来实现同步与互斥，在 Linux 系统中 POSIX 库还提供了一系列接口函数用于线程间的同步。

- **信号量**

线程间的同步与互斥还可以使用无名信号量来实现。有关无名信号量的创建、操作和销毁函数见进程模型。

- **互斥量操作**

互斥量可以用来实现临界区，让线程互斥地使用临界资源。在 Linux 系统中 POSIX 库提供的 pthread_mutex_init、pthread_mutex_lock（pthread_mutex_trylock）、pthread_mutex_ unlock 和 pthread_mutex_destroy 等函数用于完成互斥量的初始化、加锁、释放、摧毁等操作。其中，pthread_mutex_trylock 为非阻塞函数，如果互斥量没有被锁住，则其对互斥量进行加锁，并进入临界区；如果互斥量已经被加锁，则返回 EBUSY，而不会被阻塞。pthread_mutex_lock 为阻塞函数，如果已经有其他线程占有互斥量，则阻塞，直到获得这个互斥量为止。

- **读/写锁**

对于读/写锁问题（多个读线程能同时读取数据，只有写线程写入数据时才会阻塞其他线程），POSIX 库提供的 pthread_rwlock_init 和 pthread_rwlock_destroy 函数用于创建和销毁读/写锁；pthread_rwlock_rdlock、pthread_rwlock_wrlock 和 pthread_rwlock_timedrdlock 函数使用阻塞的方式获得读锁或者写锁；pthread_ rwlock_tryrdlock 和 pthread_rwlock_trywrlock 函数使用非阻塞方式获得读锁或写锁；pthread_rwlock_unlock 函数释放读/写锁。以上函数的具体用法如下。

```
// 编译命令：gcc -std=gnu99  -o readerwriter readerwriter.c  -lpthread
#include <stdio.h>
#include <unistd.h>
#include <pthread.h>

pthread_rwlock_t rwlock;                          //读/写锁
int num=0;

//读线程函数
void * reader1(){
 for (int i = 0; i < 10; ++i)
 {
        pthread_rwlock_rdlock(&rwlock);
        printf("reader1 reads %d times num = %d\n", i,num);
        pthread_rwlock_unlock(&rwlock);
        sleep(1);
 }
}

void * reader2(){
 for (int i = 0; i < 10; ++i)
 {
        pthread_rwlock_rdlock(&rwlock);
        printf("reader2 reads %d times num = %d\n", i,num);
        pthread_rwlock_unlock(&rwlock);
        sleep(1);
 }
}

//写线程函数
void * writer1(){
 for (int i = 0; i < 10; ++i)
 {
        pthread_rwlock_wrlock(&rwlock);
        num++;
        printf("writer1 writes %d times num=%d\n",i,num);
        pthread_rwlock_unlock(&rwlock);
        sleep(1);
 }

}
int main(int argc, char const *argv[])
{
 pthread_t thr1,thr2,thw1;                       //读线程、写线程

 pthread_rwlock_init(&rwlock,NULL);              //初始化读/写锁
 //rwlock=PTHREAD_RWLOCK_INITIALIZER;            //使用宏初始化读/写锁
```

```
    //创建读/写线程
    pthread_create(&thr1,NULL,reader1,NULL);
    pthread_create(&thr2,NULL,reader2,NULL);
    pthread_create(&thw1,NULL,writer1,NULL);
    //等待线程结束回收资源
    pthread_join(thr1,NULL);
    pthread_join(thr2,NULL);
    pthread_join(thw1,NULL);

    //销毁读/写锁
    pthread_rwlock_destroy(&rwlock);
    return 0;
}
```

- **条件变量**

条件变量用于某个进程或线程在等待某个信号条件到来时继续运行的场景中。POSIX 库中的 pthread_cond_init 和 pthread_cond_destroy 函数用于完成条件变量的创建和销毁；pthread_cond_wait 和 pthread_cond_timewait 函数用于完成线程等待或限时等待，在某个条件量上，函数中的参数为条件变量和互斥量，以上函数将利用互斥量完成对条件变量状态的修改，以保证多线程状态下条件变量的一致性，因此在调用这两个函数前，一定要获得这个互斥量的资源，即在调用此函数前一定要有互斥量的加锁操作；pthread_cond_signal 和 pthread_cond_broadcast 函数用于唤醒等待在条件变量上的一个线程或所有线程。

2.4.4　Web 服务器的多线程模型

与 Web 服务器的多进程模型类似，在主线程接收客户端连接请求信号后（accept 函数返回与客户端的连接），通过 pthread_create 函数创建一个线程来处理这个客户端的请求信号。Web 服务器将为每个连接客户端创建一个线程以单独处理该客户端的请求信息，如图 2-3 所示。与 Web 服务器多进程模型不同的是，这里每个线程与主线程共存于 Web 服务器进程空间中，共享 Web 服务器进程资源。

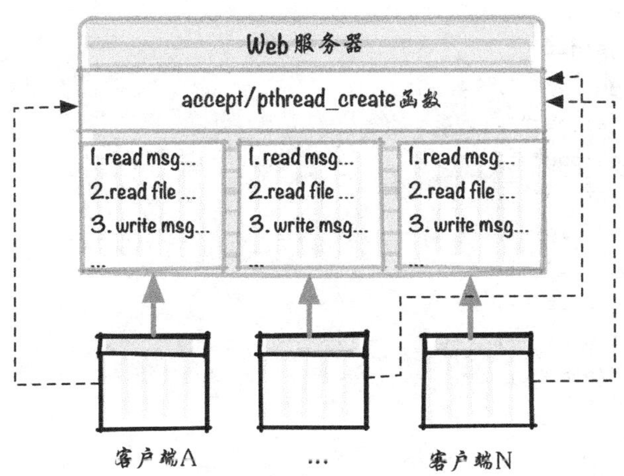

图 2-3　Web 服务器的多线程模型

下面代码利用 POSIX 线程函数，实现了多线程模型的 Web 服务器。

```
//编译代码指令 gcc -std=gnu99 -g -o multithread_webserver multithread_webserver.c -lpthread
#include <stdio.h>
#include <stdlib.h>
#include <unistd.h>
#include <errno.h>
#include <string.h>
#include <fcntl.h>
#include <signal.h>
#include <sys/types.h>
#include <sys/socket.h>
#include <netinet/in.h>
#include <arpa/inet.h>
#include <pthread.h>
#include <sys/stat.h>

#define VERSION 23
#define BUFSIZE 8096
#define ERROR   42
#define LOG     44
#define FORBIDDEN 403
#define NOTFOUND  404

#ifndef SIGCLD
# define SIGCLD SIGCHLD
#endif

struct {
    char *ext;
    char *filetype;
} extensions [] = {
    {"gif", "image/gif" },
    {"jpg", "image/jpg" },
    {"jpeg","image/jpeg"},
    {"png", "image/png" },
    {"ico", "image/ico" },
    {"zip", "image/zip" },
    {"gz",  "image/gz"  },
    {"tar", "image/tar" },
    {"htm", "text/html" },
    {"html","text/html" },
    {0,0} };

typedef struct {
    int hit;
```

```
    int fd;
} webparam;


unsigned long get_file_size(const char *path)
{
    unsigned long filesize = -1;
    struct stat statbuff;
    if(stat(path, &statbuff) < 0){
        return filesize;
    }else{
        filesize = statbuff.st_size;
    }
    return filesize;
}

void logger(int type, char *s1, char *s2, int socket_fd)
{
    int fd ;
    char logbuffer[BUFSIZE*2];

    switch (type) {
            case ERROR:
            (void)sprintf(logbuffer,"ERROR: %s:%s Errno=%d exiting pid= %d",s1, s2,
errno,getpid());
            break;
        case FORBIDDEN:
                (void)write(socket_fd, "HTTP/1.1 403 Forbidden\nContent-Length:
185\nConnection: close\nContent-Type: text/html\n\n<html><head>\n<title>403 Forbidden
</title>\n</head><body>\n<h1>Forbidden</h1>\nThe requested URL, file type or operation
is not allowed on this simple static file webserver.\n</body></html>\n",271);
            (void)sprintf(logbuffer,"FORBIDDEN: %s:%s",s1, s2);
            break;
        case NOTFOUND:
                (void)write(socket_fd, "HTTP/1.1 404 Not Found\nContent-Length:
136\nConnection: close\nContent-Type: text/html\n\n<html><head>\n<title>404 Not Found
</title>\n</head><body>\n<h1>Not Found</h1>\nThe requested URL was not found on this
server.\n</body></html>\n",224);
            (void)sprintf(logbuffer,"NOT FOUND: %s:%s",s1, s2);
            break;
        case LOG:
                (void)sprintf(logbuffer," INFO: %s:%s:%d",s1, s2,socket_fd); break;
    }
    /* No checks here, nothing can be done with a failure anyway */
    if((fd = open("nweb.log", O_CREAT| O_WRONLY | O_APPEND,0644)) >= 0) {
        (void)write(fd,logbuffer,strlen(logbuffer));
        (void)write(fd,"\n",1);
```

```
            (void)close(fd);
        }
        //if(type == ERROR || type == NOTFOUND || type == FORBIDDEN) exit(3);
    }

    /* this is a web thread, so we can exit on errors */
    void *  web(void * data)
    {
        int fd;
        int hit;

        int j, file_fd, buflen;
        long i, ret, len;
        char * fstr;
        char buffer[bufsize+1]; /* 缓存 */
        webparam *param=(webparam*) data;
        fd=param->fd;
        hit=param->hit;

        ret =read(fd,buffer,bufsize);    /* 从 socket 读取 Web 请求内容 */
        if(ret == 0 || ret == -1) {  /* 读取失败 */
            logger(forbidden,"failed to read browser request","",fd);

        }else{
            if(ret > 0 && ret < bufsize)  /* 读出消息的长度 */
                buffer[ret]=0;
            else buffer[0]=0;
            for(i=0;i<ret;i++)
                if(buffer[i] == '\r' || buffer[i] == '\n')
                    buffer[i]='*';
            logger(log,"request",buffer,hit);
            if( strncmp(buffer,"get ",4) && strncmp(buffer,"get ",4) ) {
                logger(forbidden,"only simple get operation supported",buffer,fd);
            }
            for(i=4;i<bufsize;i++) {
            if(buffer[i] == ' ') {
                    buffer[i] = 0;
                    break;
                }
            }
            for(j=0;j<i-1;j++)
                if(buffer[j] == '.' && buffer[j+1] == '.') {
                     logger(forbidden,"parent directory (..) path names not supported",
buffer,fd);
                }
            if( !strncmp(&buffer[0],"get /\0",6) || !strncmp(&buffer[0],"get /\0",6) )
```

```
/* 从定向到 index .html 文件 */
            (void)strcpy(buffer,"get /index.html");

        buflen=strlen(buffer);
        fstr = (char *)0;
        for(i=0;extensions[i].ext != 0;i++) {
            len = strlen(extensions[i].ext);
            if( !strncmp(&buffer[buflen-len], extensions[i].ext, len)) {
                fstr =extensions[i].filetype;
                break;
            }
        }
         if(fstr == 0) logger(forbidden,"file extension type not supported",buffer,
fd);

        if(( file_fd = open(&buffer[5],o_rdonly)) == -1) {
            logger(notfound, "failed to open file",&buffer[5],fd);
        }
        logger(log,"send",&buffer[5],hit);
        len = (long)lseek(file_fd, (off_t)0, seek_end); /* 使用 lseek 获得文件长度，该方
法比较低效*/
        (void)lseek(file_fd, (off_t)0, seek_set);       /* 想想还有什么方法可获取*/
         (void)sprintf(buffer,"http/1.1 200 ok\nserver: nweb/%d.0\ncontent-length:
%ld\nconnection: close\ncontent-type: %s\n\n", version, len, fstr);
        logger(log,"header",buffer,hit);
        (void)write(fd,buffer,strlen(buffer));

        while (  (ret = read(file_fd, buffer, bufsize)) > 0 ) {
            (void)write(fd,buffer,ret);
        }
        usleep(10000);/*在 socket 通道关闭前，留出发送一段信息的时间*/
        close(file_fd);
    }
    close(fd);
    //释放内存
    free(param);
}

int main(int argc, char **argv)
{
    int i, port, pid, listenfd, socketfd, hit;
    socklen_t length;
    static struct sockaddr_in cli_addr; /* static = initialised to zeros */
    static struct sockaddr_in serv_addr; /* static = initialised to zeros */

    if( argc < 3  || argc > 3 || !strcmp(argv[1], "-?") ) {
        (void)printf("hint: nweb Port-Number Top-Directory\t\tversion %d\n\n"
```

```
                    "\tnweb is a small and very safe mini web server\n"
                    "\tnweb only servers out file/web pages with extensions named
below\n"
                        "\t and only from the named directory or its sub-
directories.\n"
                    "\tThere is no fancy features = safe and secure.\n\n"
                    "\tExample: nweb 8181 /home/nwebdir &\n\n"
                    "\tOnly Supports:", VERSION);
        for(i=0;extensions[i].ext != 0;i++)
            (void)printf(" %s",extensions[i].ext);

        (void)printf("\n\tNot Supported: URLs including \"..\", Java, Javascript,
CGI\n"
                    "\tNot Supported: directories  /etc /bin /lib /tmp /usr /dev
/sbin \n"
                     "\tNo warranty given or implied\n\tNigel Griffiths nag@uk.
ibm.com\n"  );
        exit(0);
    }
    if( !strncmp(argv[2],"/"   ,2 ) || !strncmp(argv[2],"/etc", 5 ) ||
        !strncmp(argv[2],"/bin",5 ) || !strncmp(argv[2],"/lib", 5 ) ||
        !strncmp(argv[2],"/tmp",5 ) || !strncmp(argv[2],"/usr", 5 ) ||
        !strncmp(argv[2],"/dev",5 ) || !strncmp(argv[2],"/sbin",6) ){
        (void)printf("ERROR: Bad top directory %s, see nweb -?\n",argv[2]);
        exit(3);
    }
    if(chdir(argv[2]) == -1){
        (void)printf("ERROR: Can't Change to directory %s\n",argv[2]);
        exit(4);
    }

    if(fork() != 0)
        return 0;
    (void)signal(SIGCLD, SIG_IGN);
    (void)signal(SIGHUP, SIG_IGN);
    for(i=0;i<32;i++)
        (void)close(i);
    (void)setpgrp();
    logger(LOG,"nweb starting",argv[1],getpid());
    if((listenfd = socket(AF_INET, SOCK_STREAM,0)) <0)
        logger(ERROR, "system call","socket",0);
    port = atoi(argv[1]);
    if(port < 0 || port >60000)
        logger(ERROR,"Invalid port number (try 1->60000)",argv[1],0);

    //初始化线程属性为分离状态
```

```
    pthread_attr_t attr;
    pthread_attr_init(&attr);
    pthread_attr_setdetachstate(&attr,PTHREAD_CREATE_DETACHED);
    pthread_t pth;
    serv_addr.sin_family = AF_INET;
    serv_addr.sin_addr.s_addr = htonl(INADDR_ANY);
    serv_addr.sin_port = htons(port);
    if(bind(listenfd, (struct sockaddr *)&serv_addr,sizeof(serv_addr)) <0)
        logger(ERROR,"system call","bind",0);
    if( listen(listenfd,64) <0)
        logger(ERROR,"system call","listen",0);
    for(hit=1; ;hit++) {
        length = sizeof(cli_addr);
        if((socketfd = accept(listenfd, (struct sockaddr *)&cli_addr, &length)) <0)
            logger(ERROR,"system call","accept",0);
        webparam *param=malloc(sizeof(webparam));
        param->hit=hit;
        param->fd=socketfd;
        if(pthread_create(&pth, &attr, &web, (void*)param)<0){
            logger(ERROR,"system call","pthread_create",0);
        }
    }
}
```

2.5　实验 3　Web 服务器的多线程模型

题目 1：将上述多线程模型的 Web 服务器性能与实验 2 中多进程模型的 Web 服务器性能进行对比，说明它们各有什么优缺点。具体对比的指标如下。

- 使用 `http_load` 命令测试这两个模型下 Web 服务器的性能指标（性能指标数据可以使用 vmstat、iostat、iotop 和 netstat 等命令进行统计）。并根据这些测试指标对比，分析这两种模型产生不同的性能结果的原因。
- 对这两个模型中的 socket 数据读/取、数据发送、网页文件读/取和日志文件写入 4 个 I/O 操作分别计时，并打印出每个进程或线程处理各项 I/O 计时的平均时间。例如，编写的程序应该打印出如下结果。

```
共用 10000ms 成功处理 100 个客户端请求，其中
        平均每个客户端完成请求处理时间为 5100ms。
        平均每个客户端完成读 socket 时间为 500ms。
        平均每个客户端完成写 socket 时间为 1000ms。
        平均每个客户端完成读网页数据时间为 110ms。
        平均每个客户端完成写日志数据时间为 50ms。
```

- 根据上面的计时数据结果，分析并说明多进程模型和多线程模型中哪些 I/O 操作是最消耗时间的。
- 思考怎么修改线程模型，才能提高线程的并发性能。

题目 2：调整 `http_load` 命令的参数，增加其并发访问线程数量，会发现并发访问达到一定数量后，再增多并发访问会导致多线程 Web 服务进程的性能下降。试分析产生上述现象的原因。

2.6 线程池模型

与进程相比，虽然线程创建、销毁的代价较小，但需要系统内核为其分配运行堆栈。由于在多线程模型中每个线程完成的业务逻辑基本一样，因此如果线程在完成一次客户端请求处理后并不退出，而是等待运行客户端的下一次请求，那么将节省线程创建、销毁所耗费的时间。

如果有大量客户端同时请求 Web 服务器，则会造成 Web 服务器同时创建大量的线程，而且这些线程会相互竞争 CPU 资源、I/O、进程内临界资源等计算机资源，进而导致 Web 服务进程并发吞吐量降低。对于 CPU 的利用率来说，如果线程数量增多，则由线程的读/写 I/O 阻塞而导致的线程上下文切换次数也会增多，而 CPU 的利用率下降。对于外存 I/O，如果多个线程竞争对外存的读/写权，并且由于外存存储数据的特性以及 I/O 传输数据带宽限制，则大多数线程存在阻塞状态。如果多个线程之间存在临界资源、数据同步等使用问题，随着线程数量的增多，则会使线程的并发性下降。总之，通过以上分析，会发现 Web 服务进程的并发、吞吐性能并不随线程数量的增多而增强。一般情况下，在初始状态下，Web 服务进程的性能随线程数量增多而增强，但是线程到达一定数量后，其性能会随着线程进一步增多而下降。

基于以上分析，得到两个结论：①进程中并非线程数量越多，I/O 处理能力越强；②在 Web 服务器中，每个线程处理的业务逻辑是相同的，每个线程的创建、销毁都需要销毁时间。

根据以上两个结论，如果设计一种结构，能够在初始化时就创建一定数量的线程，并且这些线程在处理完任务后并不退出，而是等待下一次任务的到来，这样就可以避免线程创建和销毁带来的时间损耗，这种结构称为线程池。

在设计和实现线程池时，需要考虑两个问题：①如何封装要完成的任务，才能让已经创建的线程运行该任务？②已经创建的线程如何能够知道任务的到来？并且在运行结束后并不销毁。

若要解决第一个问题，则要考虑 `pthread_create` 函数中的参数 `void* (start_routine)(void*)` 和 `void* arg` 分别为要运行任务逻辑的函数指针和该函数的参数指针。利用该函数在创建线程堆栈等运行体后，一定通过执行 `start_routine(arg)` 代码来执行业务代码（封装运行任务逻辑的函数）。虽然在线程池中，表示运行任务逻辑的这两个参数不能通过创建线程来进行传递，但是在线程执行函数内，如果能够得到这两个参数，那么可以通过执行 `start_routine(arg)` 代码来完成。因此，在运行任务过程中，如果封装了这两个参数，则能够令线程运行这两个参数。

若要解决第二个问题，则要分析线程池中线程运行状态和场景。既然在初始化线程池时，需要创建一定数量的线程，那么这些线程的运行函数在创建后会被阻塞，直到有信号通知它们，它们才能够执行任务。在任务完成后，线程的运行函数还会被阻塞，等待下一次信号到来。

根据上面分析，可以描绘出一幅线程池运行状态图，如图 2-4 所示。其中，task queue 为存放任务的队列，thread array 为线程数组。在初始化时，任务队列中没有任务，所有的线程全部被阻塞在条件变量上。当向任务队列添加任务时，可以恢复阻塞在条件变量上的线程运行。在线程运行时，从任务队列头部取一个任务，然后执行这个任务，任务结束后，会判断目前是否还有任务在任务队列中，如果有，则继续执行前面的步骤；如果没有，则将其阻塞在这个条件变量上。

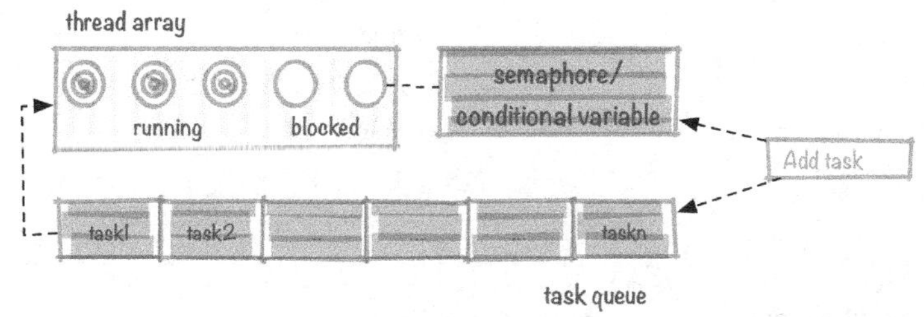

图 2-4 线程池运行状态图

通过整理上面有关线程运行描述的内容，可以得到如下线程之间的同步/互斥操作。

- 如果任务队列中有任务，则线程不会被阻塞；如果没有任务，则线程会被阻塞。
- 线程能从任务队列消费任务，增加任务函数（add task）向任务队列生成任务。因此任务队列是生产者和消费者问题中的临界资源。
- 在销毁线程池时，需要等待线程池内所有的线程运行完毕，才能释放线程池所占资源。

下面为线程池的数据结构和线程池接口函数。其中，在线程池接口函数中，使用“...”代码表示忽略的代码，但是这些忽略代码的逻辑在相关位置都有描述。除此之外，代码中并没有给出任务队列操作的相关函数，即 push_taskqueue、take_taskqueue、init_taskqueue 和 destory_taskqueue。

```
/* queue status and conditional variable*/
typedef struct staconv {
 pthread_mutex_t mutex;
 pthread_cond_t   cond;                     /*用于阻塞和唤醒线程池中的线程*/
 int status;                        /*表示任务队列状态：false 表示无任务；true 表示有任务*/
} staconv;

/*Task*/
typedef struct task{
 struct task*  next;                        /*指向下一个任务*/
 void    (*function)(void* arg);            /*函数指针*/
 void*  arg;                                /*函数参数指针*/
} task;

/*Task Queue*/
typedef struct taskqueue{
 pthread_mutex_t mutex;                     /* 用于互斥读/写任务队列  */
```

```
 task  *front;                              /*指向队首            */
 task  *rear;                               /*指向队尾            */
 staconv *has_jobs;                         /*根据状态，阻塞线程    */
 int   len;                                 /*队列中任务的个数      */
} taskqueue;

/* Thread */
typedef struct thread{
 int        id;                             /*线程 id             */
 pthread_t pthread;                         /*封装的 POSIX 线程    */
 struct threadpool* pool;                   /*与线程池绑定         */
} thread;

/*Thread Pool*/
typedef struct threadpool{
 thread**   threads;                        /*线程指针数组                  */
 volatile int num_threads;                  /*线程池中线程数量               */
 volatile int num_working;                  /*目前正在工作的线程数量          */
 pthread_mutex_t  thcount_lock;             /*线程池锁用于修改上面两个变量     */
 pthread_cond_t  threads_all_idle;          /*用于销毁线程的条件变量          */
 taskqueue  queue;                          /*任务队列                      */
 volatile bool is_alive;                    /*表示线程池是否还存在            */
}threadpool;

/*线程池初始化函数*/
struct threadpool* initTheadPool(int num_threads){
 //创建线程池空间
 threadpool* pool;
 pool=(threadpool*)malloc(sizeof(struct threadpool));
     pool->num_threads=0;
     pool->num_working=0;
     //初始化互斥量和条件变量
     pthread_mutex_init(&(thpool_p->thcount_lock), NULL);
 pthread_cond_init(&thpool_p->threads_all_idle, NULL);
 //初始化任务队列
 //需实现 init_taskqueue 函数
 init_taskqueue(&pool->queue);
 //创建线程数组
 pool->threads=(struct thread **)malloc(num_threads*sizeof(struct* thread));
 //创建线程
 for (int i = 0; i < num_threads; ++i)
 {
       create_thread(pool,pool->thread[i],i);  //i 为线程 id,
 }
 //待所有的线程创建完毕，在每个线程运行函数中将进行 pool->num_threads++ 操作
 //因此，此处为忙等待，直到所有的线程创建完毕，并在马上运行阻塞代码时才返回
 while(pool->num_threads!=num_threads) {}
```

```
 return pool;
}

/*向线程池中添加任务*/
void addTask2ThreadPool(threadpool* pool,task* curtask){
 //将任务加入队列
 //需实现 push_taskqueue 函数
 push_taskqueue(&pool->queue,curtask);
}
/*等待当前任务全部运行完毕*/
void waitThreadPool(threadpool* pool){
 pthread_mutex_lock(&pool->thcount_lock);
 while (pool->jobqueue.len || pool->num_threads_working) {
       pthread_cond_wait(&pool->threads_all_idle, &pool->thcount_lock);
 }
 pthread_mutex_unlock(&thpool_p->thcount_lock);
}
/*销毁线程池*/
void destoryThreadPool(threadpool* pool){
 //如果当前任务队列中有任务，则需等待任务队列为空，并且运行线程以执行完任务
 ...
 ...
 ...
 //销毁任务队列
 //需实现 destory-taskqueue 函数
 destory_taskqueue(&pool->queue);
 //销毁线程指针数组，并释放所有为线程池分配的内存
 ...
 ...
 ...
}
/*获得当前线程池中正在运行线程的数量*/
int getNumofThreadWorking(threadpool* pool){
 return pool->num_working;
}

/*创建线程*/
int create_thread (struct threadpool* pool, struct thread** pthread, int id){
//为 thread 分配内存空间
 *pthread = (struct thread*)malloc(sizeof(struct thread));
 if (pthread == NULL){
       error("creat_thread(): Could not allocate memory for thread\n");
       return -1;
 }
 //设置该 thread 的属性
 (*pthread)->pool = pool;
 (*pthread)->id   = id;
```

```
 //创建线程
 pthread_create(&(*pthread)->pthread, NULL, (void *)thread_do, (*pthread));
 pthread_detach((*pthread)->pthread);
 return 0;
}
/*线程运行的逻辑函数*/
void* thread_do(struct thread* pthread){

 /* 设置线程的名称 */
 char thread_name[128] = {0};
 sprintf(thread_name, "thread-pool-%d", thread_p->id);

 prctl(PR_SET_NAME, thread_name);

 /* 获得线程池*/
 threadpool* pool = pthread->pool;

 /* 在初始化线程池时，对已经创建线程的数量进行统计，执行 pool->num_threads++ */

 ...
 ...
 ...
 /*线程一直循环运行，直到 pool->is_alive 变为 false*/
 while(pool->is_alive){

        /*如果任务队列中还有任务，则继续运行；否则阻塞*/
         ...
         ...
         ...

        if (pool->is_alive){
             /*执行到此位置，表明线程在工作，需要对工作线程数量进行统计*/
             //pool->num_working++
             ...
             ...
             ...
             /* 从任务队列的队首提取任务，并执行该任务*/
             void (*func)(void*);
             void*  arg;
             //take_taskqueue 用于从任务队列的队首提取任务，并在队列中删除此任务
             //****需实现 take_taskqueue*****
             task* curtask = take_taskqueue(&pool->queue);
             if (curtask) {
                     func = curtask->function;
                     arg  = curtask->arg;
                     //执行任务
                     func(arg);
                     //释放任务
```

```
                    free(curtask);
            }
                    /*执行到此位置，表明线程已经将任务执行完毕，需改变工作线程数量*/
            /*从此处还需注意，当工作线程数量为 0 时，表示任务全部完成，会使阻塞在 waitThreadPool
函数上的线程继续运行*/
            ...
            ...
            ...
        }
    }
    /*运行到此位置表明线程将要退出，需改变当前线程池中的线程数量*/
    //pool->num_threads--
    ...
    ...
    ...
    return NULL;
}
```

2.7　实验 4　Web 服务器的线程池模型

题目 1：在上节函数中的"…"位置添加相应的程序代码。

题目 2：完成创建函数 push_taskqueue、take_taskqueue、init_taskqueue 和 destory_taskqueue。

题目 3：添加必要的程序代码，以最终完成线程池的创建。

题目 4：利用实现的线程池，替换实验 3 中 Web 服务器的多线程模型。

题目 5：调整线程池中线程数量，以达到 Web 服务并发性能最优的目的。利用 http_load 及其他性能参数，分析和对比多线程模型与线程池模型在 Web 服务器进程中的优点和缺点。

2.8　业务分割模型

在多进程和多线程模型中每个进程或线程都完成相同的任务（由于多进程与多线程模型在本节的描述中具有相同的含义，因此下面主要使用多线程模型进行问题描述）。针对客户端的文件请求处理，其每个任务包含 5 个步骤：网络读取数据、解析数据、读取文件、向网络发送数据和写日志文件。

这些步骤主要涉及两类 I/O 设备：外部存储器和网络。在多线程模型中，每个线程都要竞争使用外部存储器和网络两类 I/O 设备，并且这两类设备的 I/O 速度都较慢，从而导致在一个线程执行任务过程中大量时间阻塞在这两类设备上。同时，每个设备都是在处理完一个线程的 I/O 数据请求后，由操作系统恢复另一个阻塞在此设备上的线程来使用此设备的。从设备的角度看，该设备并没有一直处理数据，而是处理完一些数据后，需要等待操作系统调度另外一些线程后，才能再处理其他数据。具体设备工作时间如图 2-5 所示，其中W表示设备在工作，I表示设备在等待。

图2-5 具体设备工作时间

除了设备的等待时间，每个线程中与 I/O 设备相关的数据区在内存中独立，从而造成 I/O 设备操作数据的离散化和碎片化，尤其是每次读/写的数据内容过少，会严重影响 I/O 设备性能。

例如，通过设计实验来对下面内容进行验证：一次性从文件中读取 1MB 数据所消耗的时间；分 1000 次读取，每次从文件中读取 1KB 数据、读取 1MB 数据所消耗的时间；分 100 万次读取，每次从文件读取 1 字节数据、读取 1MB 数据所消耗的时间。具体实验代码如下。

```
// 编译指令 gcc -std=gnu99 -g -o readfiletimedemo readfiletimedemo.c
#include <stdio.h>
#include <unistd.h>
#include <errno.h>
#include <sys/types.h>
#include <sys/stat.h>
#include <sys/time.h>
#include <fcntl.h>

#define BUFSIZE 1024*1024
#define KB      1024

int main(int argc, char const *argv[])
{
 int fd ;
    char buffer[BUFSIZE];

    struct  timeval  start;
    struct  timeval  end;
    unsigned long timer;

    if((fd = open("nweb.log", O_CREAT| O_RDONLY,0644)) >= 0) {
    gettimeofday(&start,NULL);
    read(fd,buffer,BUFSIZE);
    gettimeofday(&end,NULL);
      timer = 1000000 * (end.tv_sec-start.tv_sec)+ end.tv_usec-start.tv_usec;
      printf("read all 1MB date timer = %ld us\n",timer);

      gettimeofday(&start,NULL);
    for (int i = 0; i < 1024; ++i)
    {
        read(fd,buffer,KB);
```

```
        }
        gettimeofday(&end,NULL);
          timer = 1000000 * (end.tv_sec-start.tv_sec)+ end.tv_usec-start.tv_usec;
          printf("read 1024 times, each 1KB, total 1MB date timer = %ld us\n",timer);

         gettimeofday(&start,NULL);
        for (int i = 0; i < BUFSIZE; ++i)
        {
            read(fd,buffer,1);
        }
        gettimeofday(&end,NULL);
         timer = 1000000 * (end.tv_sec-start.tv_sec)+ end.tv_usec-start.tv_usec;
         printf("read 1024*1024 times, each 1B, total 1MB date timer = %ld us\n",timer);

         close(fd);

      }else{
        printf("cannot open the file\n");
      }
      return 0;
    }
```

以上程序运行结果如下。

```
read all 1MB date timer = 1043 μs
read 1024 times, each 1KB, total 1MB date timer = 1523 μs
read 1024*1024 times, each 1B, total 1MB date timer = 1081759 μs
```

根据上面的分析，可以通过以下两个方面提高 I/O 设备利用率和读/写速度。

- 尽量减少多个线程同时互斥使用设备的情况。
- 在每次操作 I/O 设备时，尽量向 I/O 设备读取或写入更多的数据。

为实现这两方面目标，可以考虑将原来任务按逻辑步骤进行分割，每个逻辑步骤为一个线程，步骤与步骤之间通过缓冲区进行数据传递，这就是业务分割模型，如图 2-6 所示。

在 Web 服务器的服务进程中，按照业务步骤分别创建三个线程池（read msg thread-pool、read file threadpool 和 send msg threadpool）和两个消息队列（filename queue 和 msg queue）。其中，read msg threadpool 中的线程主要完成从客户端 socket 通道中读取消息并对其进行解析，然后将请求的文件名和 socket 通道加入 filename queue；read file threadpool 中的线程用于从 filename queue 中提取文件名，读取文件，并将文件内容和 socket 通道发送到 msg queue；send msg threadpool 中的线程用于从 msg queue 中提取文件内容和 socket 通道，并将文件内容通过 socket 通道发送到客户端。

在上述模型中，可以将 filename queue 作为 read file threadpool 中的任务队列，将 msg queue 作为 send msg threadpool 中的任务队列；也可以将这两个消息队列作为单独的队列，然后通过增加消息队列上的线程，完成消息的读取和加入下一个业务步骤线程池中。

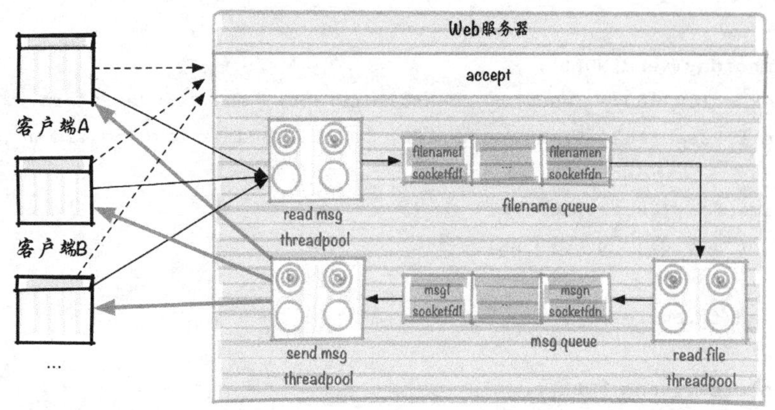

图 2-6　Web 服务器的业务分割模型

建立上述业务分割模型后，可以简单分析一下，该模型与多线程模型的不同。首先，在多线程模型中，每个步骤之间都有严格的时序关系；而在业务分割模型中，由于每个步骤之间并没有直接的联系，而是通过消息队列发生间接联系的，从而达到步骤之间的解耦。并且通过消息队列作为数据缓冲区，可以减少和避免因为业务处理速度不一致而产生的性能下降现象。例如，如果消息队列长度仅为 1，并且在某个时间段，从 `read msg threadpool` 中的线程接收消息速度大于 `read file threadpool` 中的线程读取文件的速度，那么 `read msg threadpool` 中的线程将会频繁阻塞于 `filename queue`，等待队列有空余空间；而如果消息队列足够长，则在一定程度上可以避免此现象发生，因为这个时间段内由 `read msg threadpool` 中的线程处理的所有数据都可以缓存在这个队列上。

其次，通过分割任务，每个线程执行的业务单元粒度变小。对于 I/O 密集型业务单元，通过极少量的线程就能够达到充分利用 I/O 设备的效果。例如，在图 2-6 的 `read file threadpool` 中如果仅有一个线程，其几乎可以不断地读取磁盘中每个请求文件的内容，因为与 I/O 设备传递数据相比，其与消息队列之间传递极为快速（一般内存速度为 SSD 速度的几倍至几十倍，为磁盘的几十倍至数百倍）。即使考虑到 I/O 设备的并行性，也仅需几个线程就可以充分利用 I/O 设备。

最后，通过分割任务，每个线程执行的业务逻辑变得简单，这样更有利于分析、调试和优化多任务环境的程序性能。

2.9　实验 5　Web 服务器的业务分割模型

题目 1：实现上述业务分割模型的服务程序。

题目 2：在程序中编写性能监测代码，通过定时打印相关性能参数，能够分析此服务程序的运行状态。例如，线程池中的线程平均活跃时间及阻塞时间，线程最高活跃数量、最低活跃数量、平均活跃数量，消息队列中消息的长度等。除此之外还可以利用相关系统命令监测系统的 I/O、内存、CPU 等设备性能。

题目 3：通过上述性能参数和系统命令，对服务程序进行逻辑分析，分析当前程序存在性能瓶颈的原因。进而通过控制各个线程池中的线程数量和消息队列长度改善此程序的性能。

2.10　混合模型

前面讲解的模型可以分为进程模型和线程模型两大类。进程模型主要依赖创建子进程来处理任务；线程模型主要依赖创建线程来处理任务。这两种模型各有优缺点。从性能角度考虑，多线程模型占优势。这是因为，与进程相比，线程的创建、销毁和维护所需系统资源较少，并且线程之间数据共享方便。从安全角度考虑，多进程模型占优势。这是因为，与线程相比，进程独立占用系统资源（内存、I/O 设备），一个进程运行崩溃不会或很少干扰另一个进程的运行。

如果综合考虑上述两种模型的特点，则可将多进程模型与多线程模型进行融合。其主要实现思想是在多进程模型中的每个进程运行环境内建立多线程模型。这样做的好处就是在为 Web 服务器带来安全的同时，也使其具有较高的并发性。

实际上，这种将多进程与多线程模型进行混合的模型也出现在日常使用的程序内部。如图 2-7 和图 2-8 所示，Chrome 浏览器会为每个标签页面建立一个进程，当在标签页面输入

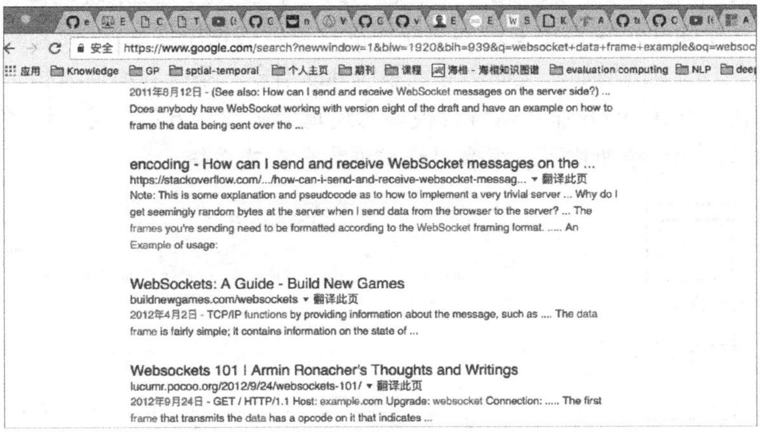

图 2-7　Chrome 浏览器多标签运行界面

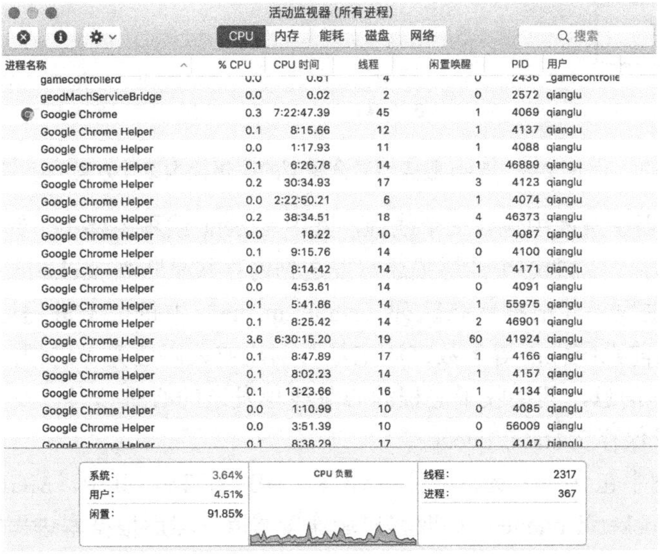

图 2-8　Chrome 浏览器启动的进程视图

URL 地址来进行文件请求时，Chrome 浏览器会在该进程内默认启动三个线程来并发获取其渲染页面所需的资源。这样做除了能提高页面的渲染显示速度，还具有很好的安全性，使标签页面之间的运行不相互干扰。当一个标签页面所对应的进程因为某种原因崩溃时，并不会影响其他标签页面的工作。

与 Chrome 浏览器中简单的多进程多线程混合模型相比，Web 服务器混合模型的设计更加复杂，它需要综合考虑在保证性能和安全的前提下，动态调整此模型下进程和线程的数量。其主要涉及以下问题。

（1）在每个进程中，是使用多线程模型还是线程池模型？

（2）在客户端并发请求数量增多后，是新建一个子进程及其多线程模型来处理新增请求，还是在原有的进程内部增加线程数量？如果在原有的进程内部增加线程数量，应该在哪个进程中增加线程数量？

（3）在客户端并发请求数量减少后，是减少原来进程中的线程数量，还是关闭进程？

以下这些问题并没有统一的标准答案，需要设计人员根据业务逻辑规则及系统运行环境进行权衡。设计人员在设计系统时，不能忽略的一个因素就是让系统逻辑和结构尽可能地保持简单（如 Chrome 浏览器中多进程多线程混合模型的使用理念）。因为复杂系统会带来设计、开发和维护的难度增加，进而会导致系统 bug 增多、系统容易崩溃和安全性降低。

图 2-9 给出了一个 Web 服务器混合模型的逻辑架构设计方案，可供读者以后进行相关服务设计时参考。此系统架构可以很容易地扩展为分布式系统。

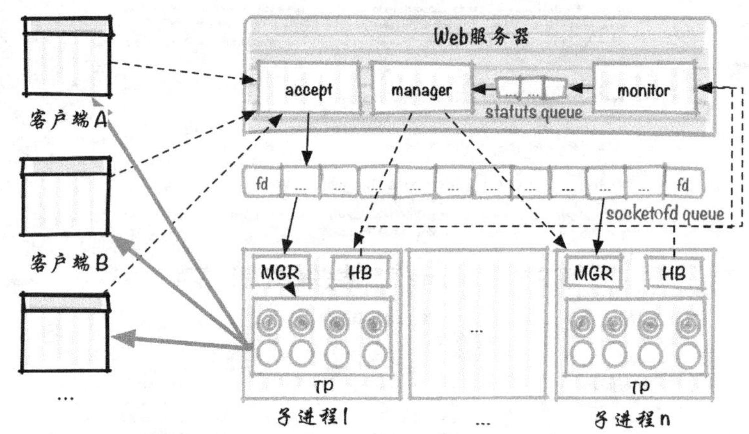

图 2-9 Web 服务器混合模型的逻辑架构设计方案

在 Web 服务器主进程中包含三个线程，其中 accept 线程主要用于针对服务端口，当建立好客户连接通道后，就把这个通道描述符发送到内存共享队列 socketfd queue 中；manager 线程负责维护子进程，其根据状态队列（status queue）中每个子进程运行状态、socketfd queue 的长度和当前系统性能等参数来决定是否创建或关闭任务子进程；monitor 线程为系统信息收集子线程信息，其接收子进程的心跳线程发送的心跳信号以及子进程运行状态信息，并将这些信息保存在 status queue 中。

在每个子进程中包含三个运行组件：MGR、HB 和 TP。其中，MGR 为子进程的管理线程，其负责从 socketfd queue 中提取客户端连接通道，然后根据本进程的执行状态，决定是启动新的任务线程还是利用已经创建好的任务线程来处理此通道的信息；HB 为心跳线程，其定时将本进程的状态信息发送到主进程的 monitor 线程侦听端口；TP 为任务线程池或任务线程，其内部包含要执行具体业务逻辑的线程，此部分也可以进一步分解为业务分割模型。除此之外，子进程还要包含信号处理函数，以响应主进程发送过来的管理信号。例如，主进程中的 manager 线程通过检测发现目前并发请求的客户端少，系统中存在大量子进程，并且这些子进程中的任务线程未工作，这时可以向这些子进程发送关闭信号以关闭子进程。而这些子进程中的关闭信号处理函数将执行子进程退出时的处理工作，如等待执行完成、释放内存等。

2.11　实验 6　Web 服务器的混合模型

题目 1：参考本章给出的基于混合模型的 Web 服务器，请尝试设计并实现它。在考虑心跳信息基础上，请仔细设计 manager 内部的子进程运行及控制的调度算法，使系统具有良好的自适应能力。

题目 2：考虑一下，是否能将该混合模型扩展为分布式模型，即 Web 服务的主进程部署在一台主机上，能够将客户端请求信号转发到后置系统，并具有负载平衡能力，而每个子进程均部署在独立的主机上，作为后置系统处理客户端的请求。这时，Web 服务的主进程称为反代理服务器，而后置系统的子进程称为 Web 服务器。

第 3 章 Web 服务器的内存管理

3.1 背景介绍

Web 服务器不断地接收客户端对 Web 相关文件的请求，这些文件随着用户关注的不同，被请求的频率也不相同。有些文件会被用户在短时间内大量请求，有些文件可能在很长一段时间内都不会有用户请求。例如，对于百度、天猫和京东等网站首页，平时都会有大量用户同时访问，而对于天猫或京东某个商品的页面可能在一段时间内都不会有用户访问。

通过前面的实验，已经了解到读/写文件是比较耗时的。如果能够将平时用户大量访问的文件缓存在内存中，那么在用户请求这些文件时，Web 服务器只在内存中进行查询，并将结果返回给用户，这将极大地缩短用户得到 Web 服务器响应消息的时间，同时也能提高 Web 服务器的并发性能。例如，在图 3-1 中，客户 A 首先发送了一个 URL 请求，这个 URL 文件内容被 Web 服务器从文件系统中读出来，并缓存在内存中，然后将文件内容发送回客户 A。其次，客户 B 也发送了相同的 URL 请求，这时 Web 服务器将从内存中找到此请求内容，并将其返给客户 B。与外存相比，内存读取速度是外存的几十倍到数百倍，因此客户 B 会在极短的时间内得到 Web 服务器的响应消息。

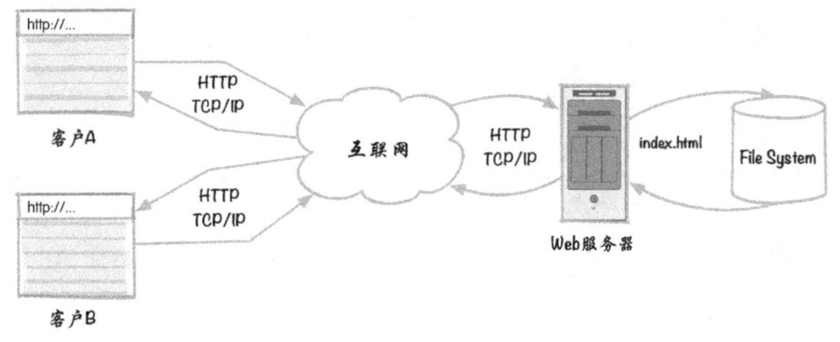

图 3-1 Web 服务器处理多用户请求相同文件的流程图

大型网站服务器商会通过 Cache、Content Delivery Networks（CDN）、反向代理服务器等浏览器进行 Web 相关文件的缓冲，以达到尽可能提高响应用户请求文件速度和缓解中心服务器压力的目的。这些技术手段的基本实现原理都是对 Web 相关文件进行缓冲，即把文件内容存放在内存中。

将 Web 页面相关文件缓存到内存中，能够提高客户端得到页面文件响应消息的速度，但是将这些文件存入内存，面临以下两个问题。

（1）如何设计缓存结构以实现根据客户端请求的文件名在内存中快速查找到该文件中的内容（见 3.2 节）？

（2）由于内存有限，因此不可能把所有文件都缓存到内存中，那么如何设计缓存中的页面替换策略？（见 3.3 节）

在回答上述问题时，还将引发对内存管理更深一层的思考：如何进行管理从操作系统中申请的内存才能够更加高效地完成 Web 服务器中有关内存的操作？（见 3.4 节）

本章将通过探讨缓存的设计和组织，以及 Linux 中管理内存的方法来回答上述提出的问题，以实现在内存中对 Web 文件的高效管理和快速检索。

3.2 Web 页面的缓存逻辑结构

对于 3.1 节中的第 1 个问题（如何设计缓存结构以实现根据客户端请求的文件名在内存中快速查找到该文件中的内容）可以使用 Hash table（哈希表）进行处理，其中文件名作为 key，缓存文件内容的内存块作为 content，具体结构如图 3-2 所示。

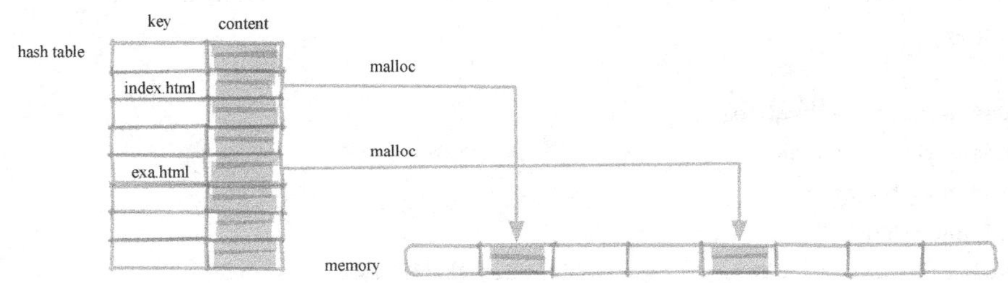

图 3-2 Web 页面的缓存逻辑结构

在 Hash table 中，利用 malloc 函数在内存中分配空间以缓存 Web 文件内容。content 的数据结构可以按如下代码进行定义。

```
typedef struct content{
    void* address;    //内容起始地址
    int   length;     //内容长度
} content
```

当有用户请求文件时，可以根据此 Hash table 来判断文件是否在此 Hash table 内，如果不在 Hash table 内，则将文件读入内存，并把此文件名和 content 作为 Hash table 中的一项进行存入，并返回此 content；如果在 Hash table 内，则返回此 content。

根据上述描述，创建的 Hash table 代码如下所示。其中，在 main 函数中包括了如何使用 Hash table 的测试代码。此例子中的 Hash table 支持多线程操作，特别要注意，代码通过自旋锁的方式互斥地修改 Hash table 中的项。而这个自旋锁通过 GCC 的内置函数__sync_lock_test_and_set()和__sync_synchronize()来实现。

```
// gcc -std=gnu99 -DHASHTHREAD -o hashtable hashtable.c -lpthread
// 此代码在 Jonathan Watmough 创建的 hashtable 代码基础上进行了修改


#include <stdio.h>
#include <stdlib.h>
```

```
#include <string.h>
#include <sys/time.h>

#ifdef HASHTHREADED
    #include <pthread.h>
    #include <semaphore.h>
#endif

typedef struct content{
    int length;                          //内容长度
    void* address;                       //内容起始地址
} content;

typedef struct hashpair{
    char* key;                           //key 值为文件名
    content * cont;                      //内容项
    struct hashpair* next;               //在 hash 桶中，指向下一个 hashpair
} hashpair;

typedef struct hashtable{
    hashpair ** bucket;
    int num_bucket;
#ifdef HASHTHREAD
    volatile int * locks;            //对 hash 桶进行加锁
//  volatile int   lock;             //对 hashtable 进行加锁
#endif
} hashtable;

// 字符串的 hash 编码算法-djb2

static inline long int hashString(char * str)
{
    unsigned long hash = 5381;
    int c;

    while (c = *str++)
        hash = ((hash << 5) + hash) + c; /* hash * 33 + c */
    return hash;
}

static inline char * copystring(char * value)
{
    char * copy = (char *)malloc(strlen(value)+1);
    if(!copy) {
        printf("Unable to allocate string value %s\n",value);
        abort();
    }
```

```
    strcpy(copy,value);
    return copy;
}
//判断两个 content 是否相同，若相同，则返回 1；若不同，则返回 0
static inline int isEqualContent(content* cont1, content* cont2){
    if(cont1->length!=cont2->length)
        return 0;
    if(cont1->address != cont2->address)
        return 0;
    return 1;
}
//创建一个 hashtable
hashtable* createHashTable(int num_bucket){
    //创建一个 hashtable
    hashtable* table=(hashtable *) malloc(sizeof(hashtable));
    if(NULL==table){
        return NULL;
    }
    //根据 num_bucket，创建 hash 桶指针
    table->bucket=(hashpair**) malloc(num_bucket*sizeof(void*));
    if(!table->bucket){
        free(table);
        return NULL;
    }
    memset(table->bucket,0,num_bucket*sizeof(void*));
    table->num_bucket=num_bucket;
//初始化锁信号
#ifdef HASHTHREAD
    table->locks = (int *)malloc(num_bucket * sizeof(int));
    if( !table->locks ) {
        free(table);
        return NULL;
    }
    memset((int *)&table->locks[0],0,num_bucket*sizeof(int));
#endif
    return table;
}
//释放 hashtable 中的资源
void freeHashTable(hashtable* table){
    if(table==NULL)
        return;
    hashpair* next;
    for (int i=0; i< table->num_bucket; i++) {
        //逐个释放 hash 桶
        hashpair* pair=table->bucket[i];
        while(pair){
            next=pair->next;
            //删除 pair，释放资源
```

```
            free(pair->key);
            free(pair->cont->address);
            free(pair->cont);
            free(pair);
            pair=next;
        }
    }
    //
    free(table->bucket);
#ifdef HASHTHREAD
    free(table->locks);
#endif
    free(table);
}


//向 hashtable 中增加一个 item=<key,content>
//返回 1，表示要添加项已经在 hash 表中存在,
//返回 0，表示仅是 key 相同，而 content 不同
//返回 2，表示如果不存在 key，则正常加入 hashtable 中
int addItem(hashtable* table,char* key, content* cont){
    //根据 hash 值，计算 key 在 hash table 中的位置
    int hash=hashString(key)% table->num_bucket;
    //检索此项的 key 是否已经存在，如果已经存在，则在 hash 桶中寻找此项值，并对其进行替换
    hashpair* pair=table->bucket[hash];

#ifdef HASHTHREAD
    //利用 GCC 中的函数，加自旋锁
    while (__sync_lock_test_and_set(&table->locks[hash], 1)) {
        //GCC 内部函数，原子操作，将 table->locks[hash]中的值设置为 1，并返回原来的数值
//当第一次进入时，返回 0，而同时第二次进入则为 1，因此后面进入的线程获得值均为 1，导致在此处忙需等待

    }
#endif
    while(pair!=0){
        if(0==strcmp(pair->key,key) && isEqualContent(pair->cont, cont)) //已经存在
            return 1;
        if(0==strcmp(pair->key,key) && !isEqualContent(pair->cont, cont)) {
            //仅是 key 相同，需进行 content 替换
            free(pair->cont->address);
            free(pair->cont);

            pair->cont=cont;
            return 0;
        }
        pair=pair->next;
    }
    //否则在 hashtable 中不存在，在 hashtable 中新建一个项，并将其插入 hash 桶首部
```

```
    pair=(hashpair*) malloc(sizeof(hashpair));
    pair->key=copystring(key);
    pair->cont=cont;
    pair->next=table->bucket[hash];
    table->bucket[hash]=pair;

#ifdef HASHTHREAD
    //解锁
    __sync_synchronize(); // memory barrier
    table->locks[hash] = 0;
#endif
     return 2;
}

//从 hashtable 中删除指定 key 的对应项
//如果在 hashtable 中未发现此项，则返回 0
//如果在 hashtable 中发现并成功删除，则返回 1
int delItem(hashtable* table,char* key){
    //根据 hash 值计算 key 在 hash table 中的位置
    int hash=hashString(key)% table->num_bucket;
    //检索此项的 key 是否已经存在，如果已经存在，则在 hash 桶中寻找此项值，并将其替换
    hashpair* pair=table->bucket[hash];
    hashpair* prev=NULL; //记录 hash 桶中的前一项数值
    if(pair==0) //此 key 不存在
        return 0;
#ifdef HASHTHREAD
    //利用 GCC 中的函数加自旋锁
    while (__sync_lock_test_and_set(&table->locks[hash], 1)) {
        //GCC 内部函数，原子操作，将 table->locks[hash]中的值设置为 1，并返回原来的数值
//当第一次进入时，返回 0，而同时第二次进入则为 1，因此后面进入的线程获得值均为 1，导致在此处忙需等待
    }
#endif
    //遍历 hash 桶
    while(pair!=0){
        if(0==strcmp(pair->key, key)){
            //在 hash 桶中找到匹配的 key，更改 hash 桶链表
            if(!prev)//在 hash 桶中的第一项
                table->bucket[hash]=pair->next;
            else //在 hash 桶中的其他位置
                prev->next=pair->next;
            //删除 pair，释放资源
            free(pair->key);
            free(pair->cont->address);
            free(pair->cont);
            free(pair);
            return 1;
        }
```

```
        //运动到 hash 桶的下一项
        prev=pair;
        pair=pair->next;
    }
#ifdef HASHTHREAD
    //解锁
    __sync_synchronize(); // memory barrier
    table->locks[hash] = 0;
#endif
    return 0;
}

//根据 key 值，则从 hash table 中查找相应项
//如果没有找到，则返回 NULL
content* getContentByKey(hashtable* table, char* key){
    //根据 hash 值计算 key 在 hash table 中的位置
    int hash=hashString(key)% table->num_bucket;
    //检索此项的 key 是否已经存在，如果已经存在，则在 hash 桶中寻找此项值
    hashpair* pair=table->bucket[hash];

    while(pair){
        if(0==strcmp(pair->key, key))
            return pair->cont;
        pair=pair->next;
    }
    return NULL;
}

#define NUMTHREADS 8
#define HASHCOUNT 1000000

typedef struct threadinfo {hashtable *table; int start;} threadinfo;

void * thread_func(void *arg){
    threadinfo *info = arg;
    char buffer[512];
    int i = info->start;
    hashtable *table = info->table;
    free(info);
    for(;i<HASHCOUNT;i+=NUMTHREADS) {
        sprintf(buffer,"%d",i);
        content* cont=malloc(sizeof(content));
        cont->length=rand()% 2048;
        cont->address=malloc(cont->length);
        addItem(table, buffer, cont);
    }
}
```

```
int main(void){
    hashtable* table=createHashTable(HASHCOUNT);
    srand((unsigned)time(NULL)); // 初始化随机种子
    // hash a million strings into various sizes of table
     struct  timeval  tval_before,  tval_done1,  tval_done2,  tval_writehash,  tval_
readhash;
    gettimeofday(&tval_before, NULL);
    int t;
    pthread_t * threads[NUMTHREADS];
    for(t=0;t<NUMTHREADS;++t) {
        pthread_t * pth = malloc(sizeof(pthread_t));
        threads[t] = pth;
        threadinfo *info = (threadinfo*)malloc(sizeof(threadinfo));
        info->table = table; info->start = t;
        pthread_create(pth,NULL,thread_func,info);
    }
    for(t=0;t<NUMTHREADS;++t) {
        pthread_join(*threads[t], NULL);
    }
    gettimeofday(&tval_done1, NULL);
    int i,j;
    int error = 0;
    char buffer[512];
    for(i=0;i<HASHCOUNT;++i) {
        sprintf(buffer,"%d",i);
        getContentByKey(table,buffer);

    }

    gettimeofday(&tval_done2, NULL);
    timersub(&tval_done1, &tval_before, &tval_writehash);
    timersub(&tval_done2, &tval_done1, &tval_readhash);
    printf("\n%d threads.\n",NUMTHREADS);
    printf("Store  %d  ints  by  string:  %ld.%06ld  sec,  read  %d  ints:  %ld.%06ld
sec\n",HASHCOUNT,
       (long int)tval_writehash.tv_sec, (long int)tval_writehash.tv_usec, HASHCOUNT,
       (long int)tval_readhash.tv_sec, (long int)tval_readhash.tv_usec);

    freeHashTable(table);

    return 0;
}
```

3.3　Web 页面的缓存置换算法

3.1 节中的第（2）个问题（由于内存有限，因此不可能把所有文件都缓存到内存中，那么如何设计缓存中的页面替换策略？是缓存内容置换问题。即需使经常使用的文件内容尽量缓存在内存中，将不经常使用的文件内容从内存中置换出来，以增强缓存命中率，节省 Web 服务器文件查找和文件读取时间。

对于如何置换缓存中的内存页面，常用的算法有最优置换、先进先出置换、最近最久未使用置换、最近使用置换、最少使用置换、最近最少置换、多队列置换、自适应置换和随机置换等。

- **最优置换（OPT）**

OPT 是指将“未来”一段时间内都不会用到内存页面内容，从缓存中置换来。因为无法获知未来有哪些内容被重复使用，所以该算法并不能实现。但是，如果已知内存页面内容使用序列，那么该算法可以用来评估其他置换算法的性能。

- **先进先出置换（FIFO）**

FIFO 是指从缓存中置换出最先进入缓存的内存页面内容。该置换算法比较简单，但是并未考虑缓存中内存页面内容被使用的情况（有些内存页面内容被经常使用，而有些内存页面内容则被较少使用），因此在一般情况下，该算法的命中率较低。

- **最近最久未使用置换（LRU）**

由于 OPT 无法知道未来用户请求内存页面内容的情况，因此 LRU 以“最近使用的内容页面，未来最有可能被使用”的假设为前提，通过记录目前缓存中页面被使用的时间顺序，来决定将缓存中最长一段时间都未使用的页面内容进行替换。该算法的复杂度为 $O(1)$。

除了基本的 LRU 外，其还有很多变体。其中，时间敏感性 LRU（TLRU）算法在 LRU 算法基础上，考虑了缓存中内容时间有效性因素，这是因为在网络上许多内容都是有时效的。例如，一个网页文件中的内容只有一小时的有效性，在下一小时其内容很可能会更新。因此要设计好的置换算法，需考虑缓存中的内容时效性。TLRU 在缓存中为每个内存页面保存一个有效的使用时间，在进行缓存中页面内容置换时，首先选择已经超过有效时间的页面内容进行置换；其次根据时效时间，选择最短时效的候选集，在此候选集内，选择最近最久未被使用的页面内容进行替换。TLRU 经常应用于网络环境下的内容缓存管理，如在 Content Delivery Networks（CDN）、Information-Centric Network（ICN）和分布式网络中经常会使用 TLRU 进行缓冲区中内容的置换。

- **最近使用置换（MRU）**

MRU 是指置换最近使用的文件。该算法与 LRU 相反，将最近经常使用的文件进行置换。这个置换策略经常用在请求文件序列是循环模式或者随机模式时，并且该算法在这两种请求模式下的命中率要比 LRU 的高。这是因为该算法更倾向于保存在缓存中更为持久的数据。MRU 算法的复杂度为 $O(1)$

- **最少使用置换（LFU）**

LFU 通过记录缓存中每个页面内容被使用的次数，置换缓存中使用次数最少的页面内容。例如，在仅有三个页面的缓存中存在页面 A 被使用 5 次，页面 B 被使用 3 次和页面 C 被使用 6 次，如果有请求 D 内容，则 LFU 将选择 B 页面中的内容进行置换。由于在每次使用缓存时，需要维护页面使用次数的排序队列，因此 LFU 算法的复杂度为 $O(\log 2^n)$。

但是，使用 LFU 会造成频繁使用的页面在以后不被使用，并且还会继续存在于内存中这种现象称为缓存污染（cache pollution）。为了克服这种现象，LFU 在页面引用次数的基础上引入平均最大引用次数阈值，当缓存中所有页面的引用次数平均值高于此阈值时，将减少对所有页面的引用次数，可以减少一个固定值，也可以减少到原来的一半。

- **最近最少置换（LRFU）**

LRU 使用时间作为置换的依据，能够较好地处理最近访问热点数据模型，但不能区分哪些数据页是经常被访问的，哪些数据页不是经常被访问的，而 LFU 使用次数作为置换的依据，与 LRU 相比，虽然知道哪些数据页是经常被访问的，但是不知道这些数据页被访问的时间。结合两者的优点，产生了 LRFU。

在 LRFU 中，缓存的每个页面都具有一个数值，这个数值能够同时表示这个页面被访问的次数和时间顺序。将这个数值表示为 $C(x)$，其中 x 表示缓存页面。在初始化时，首先将每个页面 x 的值均设置为 $C(x)=0$。在后续使用中，如果缓存中页面被使用（命中），则 $C(x)=1+2^{-\lambda}C(x)$；如果没有被使用，则 $C(x)=2^{-\lambda}C(x)$，其中 $0<\lambda<1$。在进行页面置换时，选择 $C(x)$最小的页面进行置换。很明显，当 $\lambda=0$ 时，$C(x)$的数值为使用页面的次数；当 $\lambda=1$ 时，$C(x)$强调的是近来使用页面的时间顺序。此算法的复杂度介于 $O(1)$和 $O(\log 2^n)$ 之间。

- **多队列置换（MQ）**

在介绍 MQ 之前，先介绍一下 2Q 置换算法[①]。在 2Q 置换算法中存在两个缓存队列，一个是 FIFO 队列，另一个是 LRU 队列，如图 3-3 所示。当数据第一次被访问时，将数据缓存在 FIFO 队列；当数据第二次被访问时，将数据从 FIFO 队列移到 LRU 队列；当 LRU 队列中的数据内容被再次访问时，将此数据页面移到队列首部（LRU）。

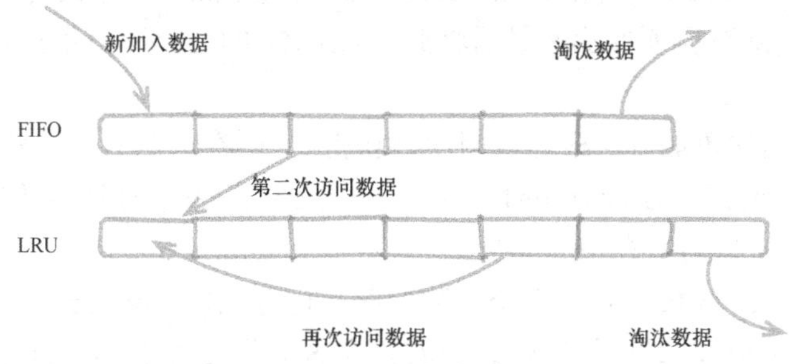

图 3-3　2Q 置换算法

如果 FIFO 队列中的数据一直都未被访问，则按照 FIFO 规则进行淘汰，而在 LRU 队列中的数据将按 LRU 规则进行淘汰。LRU 队列中数据内容置换的时机仅发生在当 FIFO 队列中的数据内容被第二次访问时，这时需要将此数据调入 LRU 队列中。

通过上述描述可以看出，2Q 通过 FIFO 队列能够快速移除冷数据，并使用 LRU 队列维护热数据。2Q 算法的复杂度为 $O(1)$。

在 MQ[②]算法中，将使用多个 LRU 队列($Q_0,\cdots,Q_{m-1}$)来存储和访问不同次数的数据页，并使用 Q_{out} 来存储数据页面 ID、访问次数和超时时间（expireTime），其中超时时间是一个抽象的数字，只用来表示发送内存访问的时间先后。具体数据结构如图 3-4 所示。其中，Q_0 队列存储，访问 1 次的数据页，Q_1 队列存储，访问 2～3 次的数据页，Q_2 队列存储，访问 4～7 次的数据页，Q_{m-1} 队列存储，访问 2^{m-1}～2^m-1 次的数据页。数据页被访问的次数可

① Johnson T, Shasha D. 2Q: A Low Overhead High Performance Buffer Management Replacement Algorithm[J]. Very Large Data Bases, 1994: 439-450.

② Zhou Y, Philbin J, Li K. The Multi-Queue Replacement Algorithm for Second Level Buffer Caches[C]// General Track: 2001 Usenix Technical Conference. USENIX Association, 2001: 91-104.

以决定其存在于哪个 LRU 队列。在图 3-4 中，每个队列被访问的次数分级按照 2*n* 给出，读者也可以自己定义访问次数分级，但需要注意的是，如果 $i<j$，Q_j 中的数据访问次数一定要大于 Q_i 中的。Q_{out} 是 FIFO 队列，并具有固定长度。

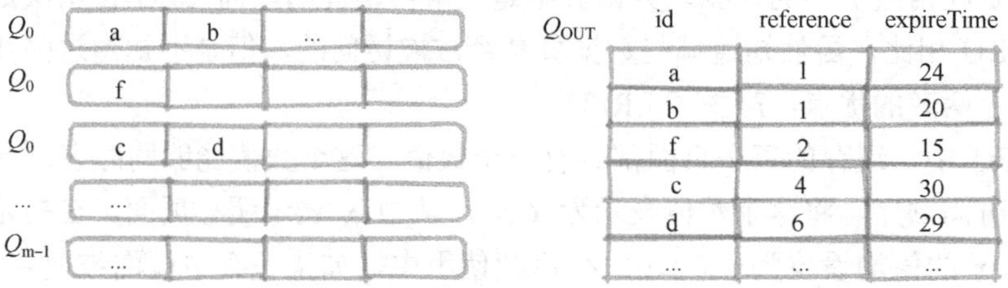

Q_0	a	b	…	
Q_0	f			
Q_0	c	d		
…	…			
Q_{m-1}	…			

Q_{OUT}

id	reference	expireTime
a	1	24
b	1	20
f	2	15
c	4	30
d	6	29
…	…	…

图 3-4　MQ 的数据结构算法

MQ 算法具体步骤为下面的伪代码。

（1）如果要访问的数据页 b 在缓存中（命中），则将此数据页 b 从当前 LRU 队列中移除；如果不在缓存中，则执行 EvictBlock 函数并从缓存中选中一个已经存在数据的数据页 victim，如果 b 存在于 Qout 队列，则将 b 从 Qout 中删除；否则将 b 的使用次数设置为 0，最后将 b 数据加载于 victim 中。

EvictBlock 函数首先按照 0～(m-1)的次序，寻找不为空的队列；其次选择这个队列首部数据页作为 victim，并将此 victim 从队列中移除；如果此时 Qout 队列已满，则将 Qout 队列的头部数据项移除。最后将此 victim 的 id 和使用次数加入 Qout 队列尾部，并返回此 victim。

（2）将 b 的访问次数加 1，根据访问次数获得 b 所在的队列，并将 b 加入此队列尾部，重新计 b 的超期时间。在计算超时中，lifeTime 是 MQ 算法中的参数，用来规定一个数据内存页在一个队里列中存在的时长。

（3）执行 adjust 函数，判断每个队列的队首内存页的 expireTime 是否超过了当前时间（currentTime），如果超过则意味着其在这个队列 Q[k] 的存活时间已过，要将这个数据页移入下一级队列 Q[k-1] 尾部的，并重新计算它的 expireTime。通过这种方式，能够保证原来被经常访问而最近不被访问的数据，在经过一段时间后能够逐步降级，直到最终从缓存中被清除，其具体清除的速度取决于参数 lifeTime 的大小。

```
//MQ 算法伪代码
/*Procedure to be invoked upon a reference to block b*/
if b is in cache{
   i = b.queue;
   remove b from queue Q[i]; }
else{
   victim = EvictBlock();
   if b is in Qout {
      remove b from Qout; }else{
      b.reference = 0;
   }
   load b's data into victim's place;
}
b.reference ++;
```

```
b.queue = QueueNum(b.reference);
insert b to the tail of queue Q[k];
b.expireTime = currentTime + lifeTime;
Adjust();

EvictBlock(){
    i = the first non-empty queue number;
    victim = head of Q[i];
    remove victim from Q[i];
    if Qout is full
      remove the head from Qout;
    add victim's ID to the tail of Qout;
    return victim;
}

Adjust(){
    currentTime ++;
    for(k=1; k<m; k++){
      c = head of Q[k];
      if(c.expireTime < currentTime){
         move c to the tail of Q[k-1];
         c.expireTime = currentTime + lifeTime;
      }
    }
}
```

在 MQ 算法中，当 m=1 时，MQ 类似 LRU；当 m=2 时，MQ 类似 2Q，因此它们并不相同。除了它们之间的数据结构不同，即 MQ 中有两个 LRU 队列，而 2Q 中有一个 LRU 队列和一个 FIFO 队列，还主要因为 MQ 有 `expireTime` 属性，能够将在 Q_1 超期的数据页移动到 Q_0 中，而 2Q 不具有这样的性质，只能将其中任意一个队列中的数据进行移除。

参数 `lifeTime` 对于 MQ 算法的性能影响较大。为了克服此弱点，在假设“连续访问相同数据页的时间间隔分布满足一个山型结构”的前提下，`lifeTime` 数值可以在算法运行过程中进行动态调整①。

理论上 MQ 的复杂度与 2Q 的相同，均为 $O(1)$。但是实际运行过程中，每次需要检查 m 个队列的首部，因此其运行开销比 LRU、2Q 等要高。

- **自适应置换（ARC）**

ARC②维护两个 LRU 数据页面队列：L_1 和 L_2。与 2Q 算法类似，L_1 中维护只被访问一次的数据页面，而 L_2 中维护短时间至少被访问两次的数据页面。这样可以将 L_1 看作维护数据页面的时效性，而将 L_2 看作维护数据页面的访问频率。通过下面的数据结构和数据更新策略，ARC 能动态调整这两个队列的大小，以尽量提高缓存的命中率。ARC 伪代码如图 3-5 所示。

① Zhou Y. Memory management for networked servers[C]//城市 Princeton University, 2000.

② Megiddo N, Modha D S. Outperforming LRU with an adaptive replacement cache algorithm[J]. Computer, 2004, 37(4): 58-65.

ARC(c) INITIALIZE $T_1 = B_1 = T_2 = B_2 = 0, p = 0$. x - requested page.

Case Ⅰ. $x \in T_1 \cup T_2$ (a hit in ARC(c) and DBL($2c$)): Move x to the top of T_2.

Case Ⅱ. $x \in B_1$ (a miss in ARC(c), a hit in DBL($2c$)):
Adapt $p = \min\{c, p + \max\{|B_2|/|B_1|, 1\}\}$. REPLACE($p$). Move x to the top of T_2 and place it in the cache.

Case Ⅲ. $x \in B_2$ (a miss in ARC(c), a hit in DBL($2c$)):
Adapt $p = \max\{0, p - \max\{|B_1|/|B_2|, 1\}\}$. REPLACE($p$). Move x to the top of T_2 and place it in the cache.

Case Ⅳ. $x \in L_1 \cup L_2$ (a miss in DBL($2c$) and ARC(c)):

case (i) $|L_1| = c$:

if $|T_1| < c$ then delete the LRU page of B_1 and REPLACE(p).

else delete LRU page of T_1 and remove it from the cache.

case (ii) $|L_1| < c$ and $|L_1| + |L_2| \geqslant c$:

if $|L_1| + |L_2| = 2c$ then delete the LRU page of B_2.

REPLACE(p).

Put x at the top of T_1 and place it in the cache.

Subroutine REPLACE(p)

if $(|T_1| \geqslant 1)$ and $((x \in B_2$ and $|T_1| = p)$ or $(|T_1| > p))$ then move the LRU page of T_1 to the top of B_1 and remove it from the cache.

else move the LRU page in T_2 to the top of B_2 and remove it from the cache.

图 3-5 ARC 伪代码

- **随机置换（RP）**

RP 利用随机函数，随机选中缓存中一个数据页进行置换。以上算法考虑的是大小相等的数据页替换，而对于 Web 缓存要考虑的是大小不相等的文件，因此要从以下两个指标来衡量缓存命中率。

⑴ **文件命中次数比例（document hit rate）**

文件命中次数比例=缓存中命中的文件数量/用户请求的文件数量

⑵ **字节命中比例（byte hit rate）**

字节命中比例=缓存中命中文件所有字节总和/用户请求文件所有字节总和

除此之外，Web 缓存与其他缓存不同，Web 缓存可以根据 HTTP 中提供的相关信息决定其缓存的替换策略。例如，HTTP 1.1 协议通过在响应头设置 expires 字段以及在 Cache Control 字段中设置 max-age 来通知客户端请求资源的有效性时间，并在 ETag 字段中封装该文件的验证码，如图 3-6 所示。如果超出这个有效性时间，则用户在检索这个文件时，在请求头中加入此 ETag，当服务器接收到此请求消息时，首先进行 ETag 校验（ETag 校验码一般是根据文件内容生成的），如果该文件与服务器生成文件一致，则说明该文件还可修改，此时服务器将向客户端发送“not modified”的响应消息，具体过程如图 3-7 所示。

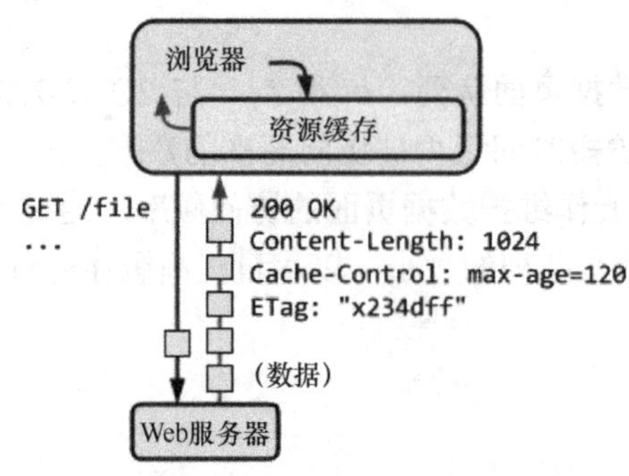

图 3-6 浏览器与 Web 服务器请求消息交互过程

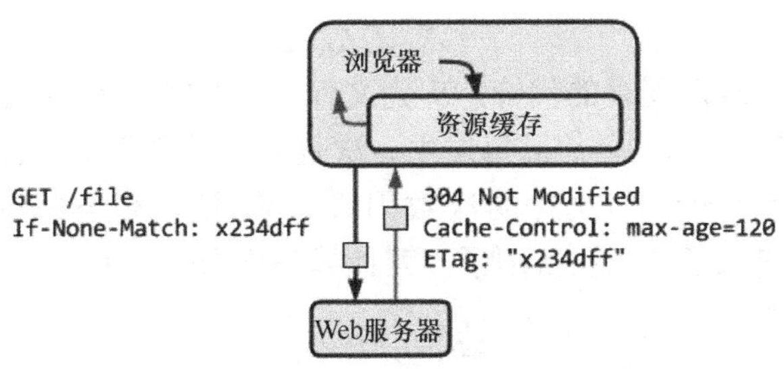

图 3-7　浏览器与 Web 服务器响应消息交互过程

因此，在构建 Web 缓存时，将主要根据表 3-1 中的缓存参数设计缓存 Web 页面置换算法。

表 3-1　Web 缓存参数

标志符	说明
S_i	文件 i 的大小
t_i	上次请求文件 i 的时间
T_i	目前距离上次请求文件 i 已经过的时间
f_i	请求文件 i 的次数
L_i	获得文件 i 的时长
C_i	从文件 i 所在服务器获取它的代价。C_i 比 L_i 意义更广泛，其既可以表示时长，也可以表示网络节点的跳数

- **基于 LRU 策略的 Web 置换算法**

最直接的基于 LRU 策略的 Web 置换算法是将数据页的 LRU 算法应用在 Web 文件置换中。在此基础上，LRU-Threshold 策略的 Web 置换算法只缓存 S_i 大于一定数值的文件，在替换时使用 LRU 进行替换。

LRU-Min 策略的 Web 置换算法以替换最少文件数量为目标，进行文件替换算法设计。设 L 为一个 LRU 临时队列，其存储着在缓存中大小均大于或等于 T 的文件 ID。假设请求文件的大小为 S，在初始时刻有 T=S，则 LRU-Min 算法如下：①从缓存中寻找文件大于或等于 T 的文件 ID，并根据时间先后形成队列 L。②不断地应用 LRU 算法在 L 中寻找需要替换的文件，直到 L 缓存为空或者寻找出来的替换文件空间至少为 T 时为止。③如果替换空间总和大于或等于 S，则将这些文件所占内存替换为请求文件的内容，并为退出；如果小于 S，则设 T=T/2，转到步骤①。

- **基于频率策略的 Web 置换算法（LFU-DA）**

LFU-DA 是在 LFU 算法基础上进行改进的。

LFU-DA 以下面的公式计算缓存每项内容的数值 K，然后选出 K 值最小的缓存进行替换。

$$K_i=f_i+L$$

其中，f_i 为请求文件的次数，L 为文件在缓存中的时间长度，当文件刚进入缓存时 L=0，然后每发生一次替换，就将此文件的 L 增加 1。

- **基于 LRU 和 LFU 融合策略的 Web 置换算法**

此置换算法下有 LFRU、MQ、ARC 等算法。

- **基于函数策略的 Web 置换算法（GDS）**

GDS 算法按照下面公式计算，并选择数值 K 较小的文件项进行替换。

$$K_i=C_i/S_i+L$$

其中，C_i 为从外存载入缓存的代价，S_i 为文件 i 的大小，L 为文件在缓存中的时间因素。当文件刚进入缓存时，L=0，然后每发生一次替换，就将此文件的 L 增加 1。

GDS 算法并没有考虑访问文件的次数因素，因此在 GDSF（GreedyDual-Size with Frequency）算法中，引入了访问次数因子，其计算公式为

$$K_i=f_i \cdot C_i/S_i+L$$

除此之外，有关其他的 Web 缓存算法，可以参看文献《A Survey of Web Cache Replacement Strategies》①。

3.4 实验 7 Web 服务器页面缓存及其替换方法评估

题目 1：根据在前文介绍的基于 Hash 缓存结构和各种缓存替换算法，设计不同的缓存管理辅助结构（如队列、堆）等来实现 LRU、LFU、MQ、GDS 和 GDSF 算法。

题目 2：通过实验来评估各个替换算法的性能，通过服务器缓存命中率、客户端获得请求内容的平均时间等参数来说明有无 Web 文件缓存对 Web 服务的影响。

题目 3：根据以上实验数据来说明这些替换算法在实验环境中的应用效果，从中找到更适合此实验环境的替换算法，并说明原因（为什么这个替换算法好？与其他置换算法相比，好在何处？）。

3.5 Web 服务器的内存管理模型

在 3.3 节中，Hash table 中维护的文件内容是通过 C 语言中的库函数 `malloc` 和 `free` 进行内存的分配和释放的。那么在 C 语言库函数 `malloc` 和 `free` 是如何管理内存的呢？其管理内存的模型对于 Web 缓存内容管理是否高效？如果不高效，那么有没有其他的内存管理模型适合 Web 页面内容的缓存管理？

以上问题都会在本节中做出解答。本节内容的主要是首先介绍常用的内存管理模型，然后介绍 Linux 系统中“aka ptmalloc 2”版本的 `malloc` 和 `free` 内存管理模型，最后以 Nginx 为例，讲解实际 Web 服务器中的缓存模型结构。

由于 Web 缓存中存储的文件大小不一样，并且不断有文件读入缓存和从缓存中删除文件，因此在缓存管理中最容易产生内存碎片现象。内存碎片包括外部碎片和内部碎片。

其中，外部碎片是指在一块内存区域存在一些空闲内存页，虽然这些空闲内存页累计起来能够满足用户对内存大小的要求，但是由于这些空闲内存页并不连续，因此不能满足连续分配内存给用户的要求。如图 3-8 所示，在 8 个空闲内存页的内存块中分配了 0 页、1 页和 4 页，此时不能分配 4 个连续内存页。随着内存不断的申请和释放，连续空闲的内存块会越来越小（连续的页数越来越少），从而造成外部碎片。

内部碎片是指当用户申请几十字节时，系统也要为其配一个内存页，从而在每个页内形成很多没法利用的空间。

为克服外部碎片现象，Linux 内核中采用伙伴（buddy）内存管理方法；为克服内部碎

---

① Podlipnig S, Böszörmenyi L. A survey of web cache replacement strategies[J]. ACM Computing Surveys (CSUR), 2003, 35(4): 374-398.

片现象，Linux 内存采用 slab 内存管理方法。Linux 内核内存管理接口关系如图 3-9 所示，在内核中，最底层的内存管理方式是以页为单位的 buddy 内存管理方法。在此基础上，根据不同系统（如计算机设备、嵌入式设备）所设计的 slab、slob 或 slub 等内存管理算法，从 buddy 内存管理方法申请内存，并进行精细化管理，以便克服内部碎片现象。内核上层的接口将根据使用内存的大小来决定向 slab 内存管理方法或 buddy 内存管理方法申请内存。

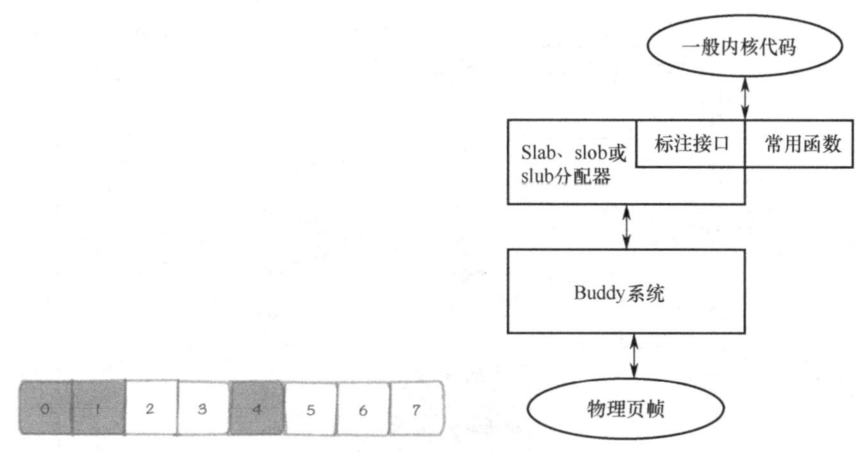

图 3-8 空闲内存页外部碎片

图 3-9 Linux 内核内存管理接口关系

3.5.1 Linux 内核内存管理模型

1. Linux 进程逻辑地址空间模型

Linux 系统中每个进程的逻辑地址空间都包括用户地址空间和内核空间。在用户地址空间中包含了程序代码段（text）、数据段（data）、bss 段、堆（heap）、栈（stack）、内存映射区（memory mapping）等段，如图 3-10 所示。其中，程序代码段存放程序的代码；数据段存放程序中已经初始化的全局变量——代码中全局变量的静态内存分配；bss 段存放程序中未被初始化的全局变量；堆用来存放程序运行过程中动态分配的内存（在 C 语言中通过 `malloc` 库函数来完成）；栈存放程序代码中创建的临时变量（在 C 语言中“{ }”之间出现的变量为临时变量）；内存映射区存放映射到内存的文件或者共享内存。

内核空间存放操作系统内核代码和相关数据结构，在 32 位 x86 架构下，内核位于 3GB～4BG 的逻辑地址空间内。内核空间主要包括物理空间（physical space）映射区、安全空间（safe space）映射区和虚拟空间（virtual space）映射区。其中，安全空间映射区大小为 8MB，主要用于隔离物理空间映射区和虚拟空间映射区；物理空间映射区主要用于连续物理内存的分配；虚拟空间映射区主要用于非连续物理内存的分配。

在 Linux 中，每个进程对应一个进程描述符 `task_struct`。在 `task_struct` 中的 `mm_struct` 描述了进程逻辑地址空间及进程页表，具体如图 3-10 所示。其中，`mm_struct` 通过 `start_code`、`end_code`、`start_data` 和 `end_data` 指针分别指向代码段的起始和结束位置，以及数据段的起始和结束位置；通过 `start_brk` 和 `brk` 指针记录了“堆”段的起始和结束位置；通过 `start_stack` 指针记录了“栈”段的起始位置；通过 `mmap_base` 指针指向内存应射区段的基地址；通过 `pgd` 指针指向页目录的基地址（建立了“页目录-页表”的二级页表结构或“页目录-中间页目录-页表”的三级页表结构或四级页表结构）。

除此之外，在 mm_struct 中还维护一个 vm_area_struct 链表，其中每个 vm_area_struct 对应进程逻辑地址空间一个段，如图 3-11 所示。mm_struct 通过 mmap 指针指向此链表的首地址。在 vm_area_struct 中，vm_strat 为段首地址，vm_end 为段结束地址；而 vm_file 指向被映射到内存的文件段，如将动态库 lib1.so 和 lib2.so 分别映射到进程逻辑空间的指定位置。

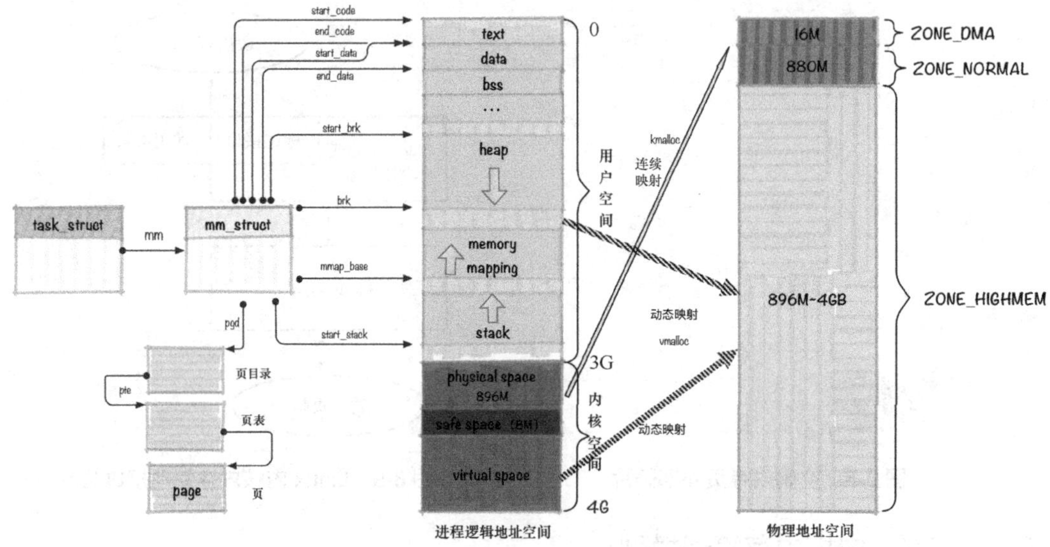

图 3-10 Linux 进程逻辑地址管理与物理内存映射

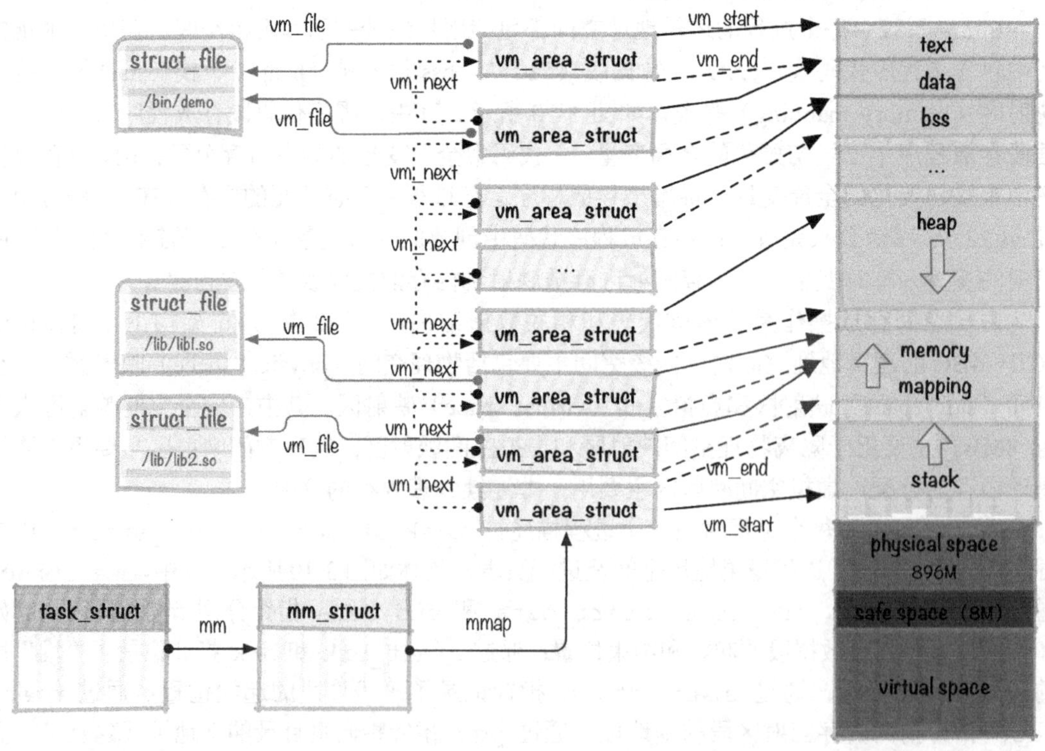

图 3-11 Linux 进程逻辑地址空间与内存段管理

通过 vm_area_struct 和页表映射结构（pgd、pte 和 page）能够将进程逻辑地址空间中的各个数据段映射到具体物理内存地址。

2. Linux 物理内存模型

在现代 CPU 体系结构下，物理内存多按照页进行管理，并通过 MMU 完成逻辑地址到物理地址的映射。Linux 为每个物理页创建一个 page 数据结构，其代码如下。其中，每个物理页都占用 40 字节。在页大小为 4KB、物理内存为 4GB 的系统情况下，内核要分配 1MB 个 page，必须占用 40MB 内存空间。

```
//include/linux/mm_types.h
struct page {
    unsigned long flags;                        //表示页的状态
    atomic_t_count;                             //引用计数
    atomic_t_mapcount;                          //映射计数
    unsigned long private;                      //权限
    struct address_space *mapping;              //指向 address_space 对象的地址
    pgoff_t index;
    struct list_head lru;                       //lru 链表
    void *virtual;                              //对应的虚拟地址（逻辑地址）
};
```

为支持多 CPU，内存管理模型主要分为统一内存存取模式（UMA-uniform memory access）和非统一内存存取模式（NUMA-non-uniform memory access）。目前，众多 CPU 采用 NUMA 内存管理方式，以支持对称多处理器（SMP-symmetric multiprocessing）架构。Linux 为支持多种 CPU 管理内存架构，采用 Node 来对应一个 CPU，使用 pg_data_t 对每个 Node 的数据结构进行描述（/include/linux/mmzone.h），如图 3-12 所示。图 3-12 中以 NUMA 的内存管理架构为例来进行说明，如果是 UMA 架构仅需使用其中一个 pg_data_t 来描述所有 CPU 使用内存情况即可。每个 pg_data_t 中 node_mem_map 指向 page 链表首部，也就是这个 CPU 管理的本地内存页位置。

在 pg_data_t 中的 node_zones 数组中分别保存指向不同内存区域的指针。为支持不同设备或代码使用不同的内存数据的方式，Linux 系统中将多个连续的物理内存页划分为区，形成不同的内存池，主要包括 zone_DMA、zone_Normal 和 zone_hm 区，如图 3-12 所示。其中，zone_DMA 用于 DMA 设备访问的数据区域，大小为 16MB；zone_Normal 为内核正常映射，大小为 880MB；zone_hm 用于描述处在高端区域的物理页（32 位 x86 架构下，其范围为 896MB～4GB）。

zone_DMA 和 zone_Normal 内存池用于连续物理页的分配；而 zone_hm 内存池用于非连续物理页的分配。

Linux 系统为每个内存池都创建了一个 zone 数据结构。常用的 zone 有 Normal、DMA 和 HighMem。在每个 zone 中，free_area[MAX_ORDER] 描述了内存空闲和使用的情况。free_area 是为支持 buddy 内存管理方法创建的数据结构，如图 3-12 所示。free_area 数组的下标表示连续页的数量，而 free_area 中的 free_list 为一个连接 page 的 LRU 链表。在这个链表上的每个页都对应连续物理内存的起始页。例如，free_area[1] 中每个 page 中的 virtual 都指向了两个连续物理内存页的起始位置；而

free_area[k]中每个 page 的 virtual 都指向了 2^k 个连续物理内存页的起始位置。

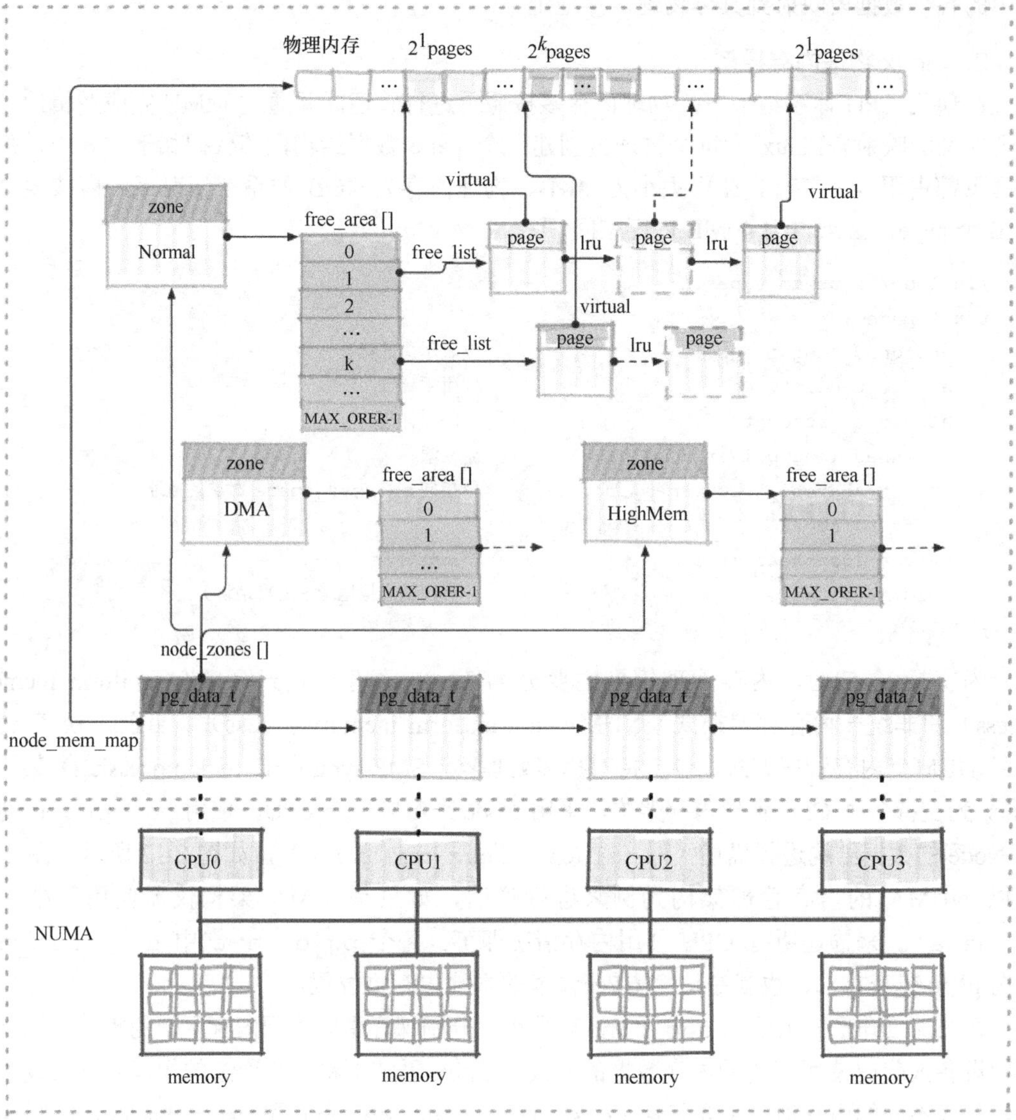

图 3-12 Linux 内核内存数据结构

3. 逻辑地址和物理地址的空间分配

操作系统为用户程序和内核程序提供了两种不同的内存分配方法，如图 3-13 所示。对于用户程序，其可以通过库函数 malloc 进行内存分配或者调用系统函数 fork、mmap 等来引起内存分配。其中，malloc 会调用系统函数 brk 进行内存分配；fork、mmap 会调用 do_map 进行内存分配。这两个函数都是修改 vm_area_struct 数据结构和相应的页表来完成虚拟逻辑内存段分配的。在完成上述操作后，操作系统仅完成了逻辑地址的分配，并没有分配实际的物理内存。操作系统直到用户代码实际使用这些逻辑地址而引起缺页中断时，才通过 get_free_page 函数来分配具体的物理内存。

操作系统为内核代码提供 vmalloc 和 kmalloc 两个函数来分配内存。其中，vmalloc 函数分配连续的逻辑地址空间，但这些逻辑地址对应的物理地址则不一定连续；kmalloc

函数从物理映射空间中分配连续的逻辑地址空间，并且这些逻辑地址对应的物理地址也是连续的。

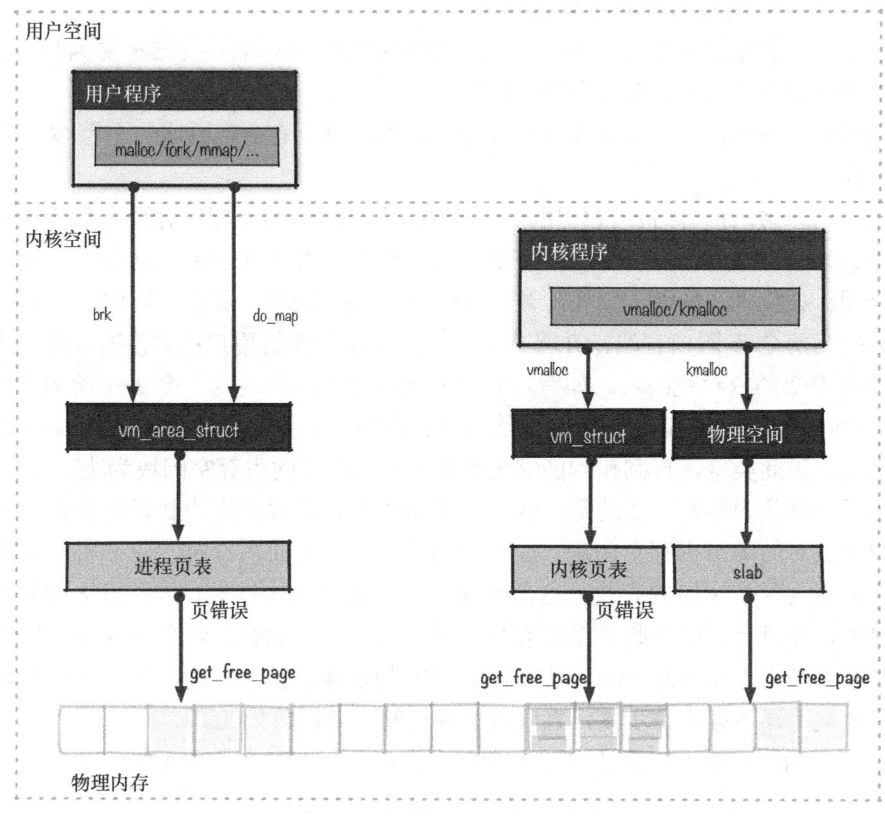

图 3-13　Linux 内存分配方法调用关系图

Linux 内核通过 vm_struct 来描述内核占用段，vmalloc 函数与 malloc 函数类似，主要负责修改 vm_struct 及其对应的页表，并通过缺页中断来分配实际的物理内存。而 kmalloc 函数主要完成物理映射空间中逻辑地址的分配，其通过 slab 层进行时间的内存分配。

Linux 内核在分配和管理内存时，采用了两种不同的管理方法：buddy 内存管理方法和 slab 内存管理方法。其中，get_free_space 通过 buddy 内存管理方法完成内存的分配；slab 可以看作在 buddy 基础上对内存结构进一步的细化管理及其分配机制。buddy 内存管理方法是以页为单位进行内存分配和回收的，如果需要的内存小于一页，则会造成内存分配的浪费。这时 slab 内存管理方法在 buddy 分页基础上，根据不同内核对象的大小合理地划分内存页，并对这些划分有效地管理，从而达到按照这些内核对象实际大小来分配内存空间的目的。(有关 buddy 和 slab 的介绍详见后文)。

通过上述描述可知，针对大的逻辑地址空间分配，适合采用 vmalloc 函数；针对小的逻辑地址空间分配，适合采用 malloc 函数。由于 vmalloc 分配的内存物理地址不连续，在访问过程中需要修改页表，因此访问速度会比 kmalloc 分配的内存慢一些。

如果用户程序通过 malloc 和 free 库函数分配和释放内存，那么在用户进程空间中，这两个库函数如何管理进程逻辑地址空间呢？这种管理方法是否高效呢？请回答这两个问题（见 3.5.2 节）。

4. buddy 内存管理方法

通过上面内容可知 Linux 内核中的底层是通 buddy 内存管理方法来管理物理内存页分配和回收的。buddy 内存管理方法思想如下。

- buddy 内存管理方法每次分配 2^{order} 个连续的物理页，其中 order 称为阶，即 buddy 内存管理方法每次分配 k 阶个内存页。
- 初始时将物理内存按照页大小进行分页，然后将所有内存看成一个整体，即为 n 阶内存页。
- 当有用户请求内容时，根据用户请求内容大小，为其分配内存页，假设需分配内存阶数为 k。首先查找当前的系统是否已经有阶数为 k 的内存空闲块，如有，则直接分配；如没有，则向上查找阶数为 k+1 的内存空闲块。如有，则将 k+1 阶的内存块分裂为两个 k 阶内存块，并将其中一个内存块分配给用户；如没有，则向上查找阶数为 k+2 的内存空闲块。如有，则将此内存空闲块分裂为一个 k+1 阶内存块和两个 k 阶内存块，并将其中一个分配给用户：如没有，则向上查找阶数为 k+3 的内存空闲块。以此类推，直到找到能够分裂为 k 阶内存页的内存空闲块为止。
- 当用户释放内存时，也就是释放 k 阶内存页时，在系统中查找是否存在与释放 k 阶内存成对的 k 阶内存空闲块（成对指的是在分配 k 阶内存时，应该将一个 k+1 阶内存分裂为两个 k 阶内存块，这两个 k 阶内存块称为内存对，即相互之间称为内存伙伴），如没有，则将此 k 节内存块直接插入系统；如有，则合并为 k+1 阶内存块，并查找是否存在与此 k+1 阶内存块相对应的伙伴。如有，则合并为 k+2 阶内存块，再重复上述内存合并步骤，直到内存块无法合并回收为止。

以图 3-14 为例，假设在系统中有 8 个内存空闲页，即存在 3 阶的内存块。当用户请求 1 个内存页（0 阶内存页）时，经过在 `free_area` 数组中查找，发现 `free_area[3]` 中有内存空闲块，则将此空闲块分裂为一个 2 阶内存块、一个 1 阶内存块和两个 0 阶内存块，并将其中一个返回给用户。

用户释放此内存块后，其内存块合并过程与分配时相反，最终形成一个 3 阶内存块。

buddy 内存管理方法针对 k 阶内存进行成对的分配和回收，能够较好地解决外部内存碎片问题。但 buddy 内存管理方法也存在以下问题。

- 在一大片内存中，仅有一小片内存没有释放，也会使其两边的空闲内存块不能进行回收。
- 内存分配存在浪费现象，因为其分配按照 k 阶内存块进行分配，如果用户所需内存小于 k 阶内存块，也要按照 k 阶内存大小进行分配，从而导致浪费；另外，其在分配内存时按照成对地递归分裂内存方法来分配和管理内存空闲块，其有时会造成严重的内存浪费。例如，假设系统中存在 1024 页内存块（10 阶），用户在申请 16 页（4 阶）内存块后，系统剩下一个 9 阶内存块，一个 8 阶内存块，……，一个 4 阶内存块。当用户再申请 600 页内存块时，系统将无法进行分配。
- 在分配和合并内存块过程中，需要频繁地修改内存链表（`free_area`），开销较大。

5. slab 内存管理方法

buddy 内存管理方法能够最大限度地避免内存外部碎片的产生，但是如果用户申请小于 1 页的内存空间，则使用 buddy 内存管理方法会为每次用户请求分配 1 页的内存，从而造成内存浪费（内存内部碎片）。为解决内存内部碎片问题，在 buddy 内存管理方法的基础上，

Linux 使用 slab 内存管理方法对内存进行精细化管理，最大程度地避免内存碎片的产生。

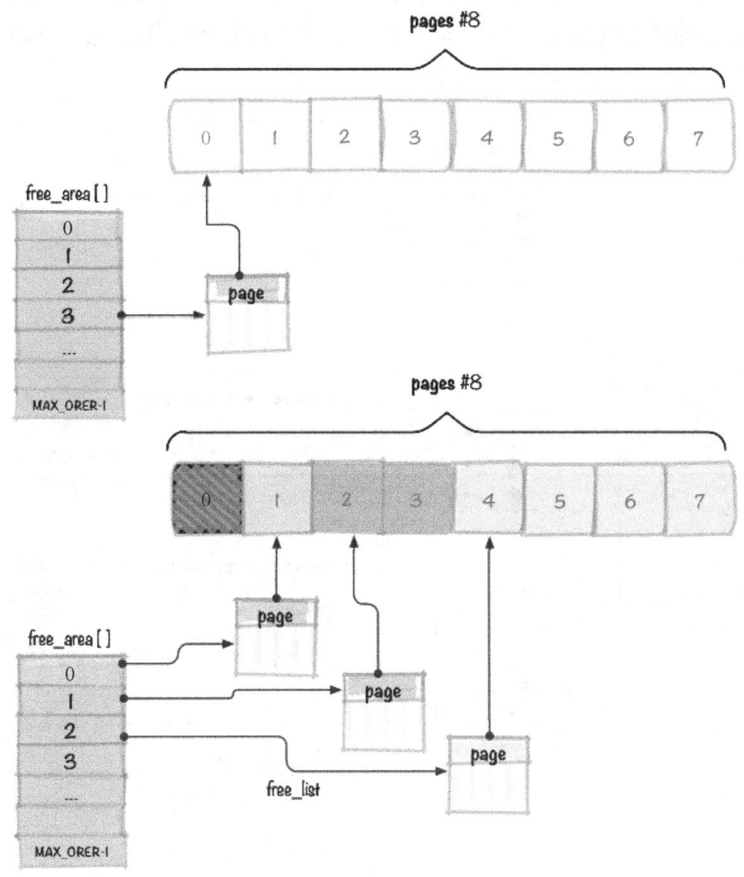

图 3-14 buddy 内存管理方法分配内存示意图

Linux 内核 slab 内存管理结构如图 3-15 所示，所有的缓存区（kmem_cache）均放置在缓存 cache_cache 的双向链表 cache_chain 中。每个缓存区包含两个重要的数据结构：array_cache 数组和 nodelist 数组。其中，array_cache 数组为每个 CPU 分配一个 array_cache 项，此项包括对象大小、对象最大个数等 slab 属性描述和指向 slab 中可用对象的指针数组 entry。entry 中保存了指定 CPU 刚刚释放的对象指针数组，此数组采用 LIFO(Last In, First Out)策略维护和替换数组中的内容。在内存中，每种数据类型在 nodelist 数组中均存在一项与其对应，每项的数据类型为 kem_list3。在 kem_list3 中保存了 3 个 slab 双向链表，分别用于表示处于空闲（free）、完全占用（full）、半空闲半占用（partial）的 slab 双向链表。

每个 slab 包括 slab 头和缓存对象的内存页帧（page frames）。其中，slab 头可以放在后面的对象内存页，也可以独自存在。在 slab 头中描述了所存对象的大小、个数限制、空闲对象指针数组（management array）、着色区（color space）等信息。对象内存页帧（page frames）包含 1～32 个内存页，用于保存指定结构的对象数组。

空闲对象指针数组的数据项为整数，将下一个空闲对象保存在对象数组的位置。例如，图 3-15 中 management array 为“3□459 ”，其中“□”表示此位置的对象已经被使用，即在对象数组中下标为 2 和 6 的对象已经被使用，而 3、4、5、9 位置的对象目前为空闲状态，很明显“3、4、5、9”形成了数组结构的指针链表，即每项内容为下一项所在数组的位置。着色区信息使 slab 中每个对象的起始位置都按照 CPU 中的 cache line 大小进行对齐并均匀放置，使一个 slab 中的各个对象均匀地放置在各个页的不同起始位置，减少 cache line 冲突现象的产生，从而提高缓存利用率并获得更好的性能。

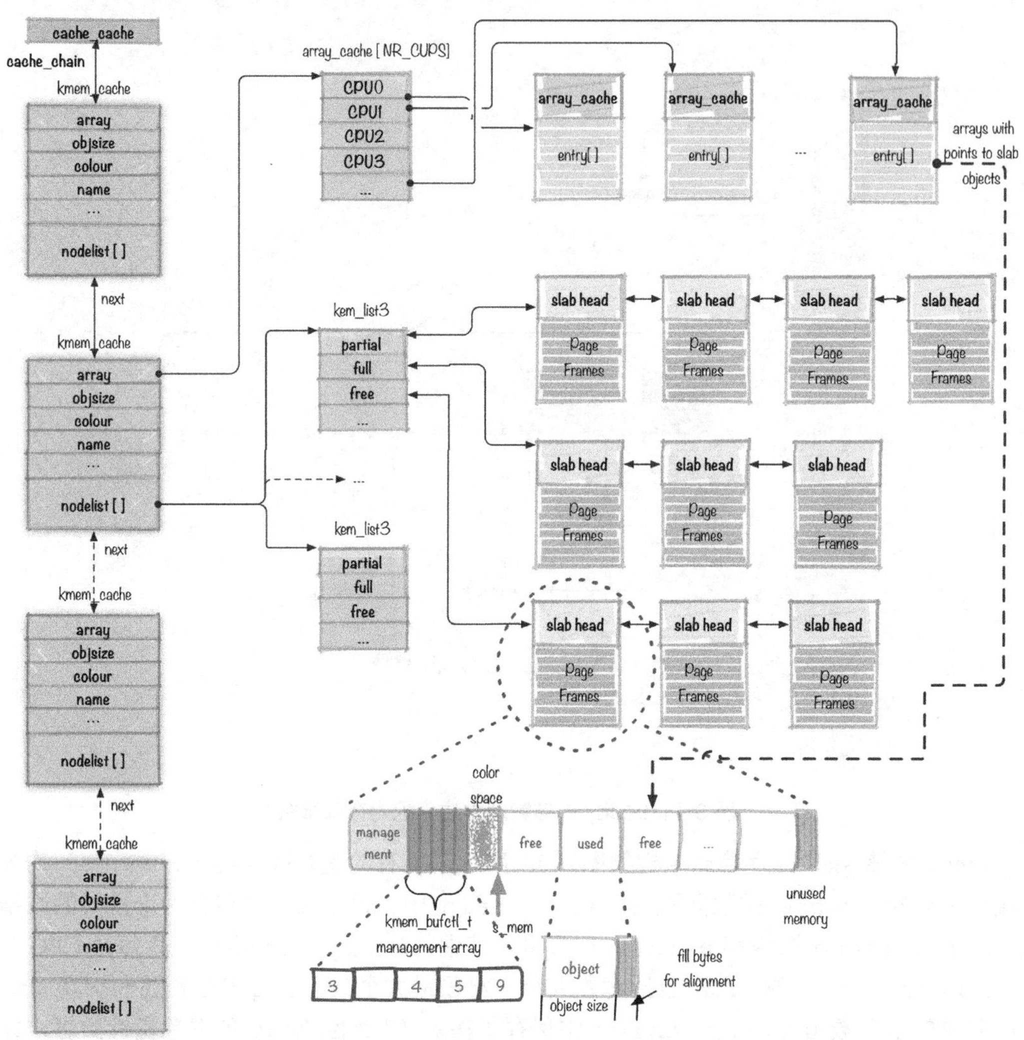

图 3-15 Linux 内核 slab 内存管理结构

通过上述结构，建立三层对象内存分配体系。

- 为每个 CPU 建立可用对象的高速缓存（array_cache 中的 entry）。
- 每个 slab 中的可用对象数组。
- 使用 buddy 系统分配新的 slab，以建立对象数组。

当进行指定对象内存分配时，首先从 cache_chain 链表中，根据 objsize、name 等信息找到合适的对象缓冲区 kmem_cache；其次根据 CPU ID 在 array_cache 中判断目前此 CPU 是否有此空闲对象，如果有则分配，并修改相应数据结构。这是因为 array_cache 中指向的对象是 CPU 最近使用完的对象，其很可能保存在 CPU 的 cache 中，所以重用此对象速度会很快。

然后，如果在 array_cache 中未找到合适的对象指针，则需要在 partial 的 slab 双向链表中寻找可分配的对象，若找到，则返回，并修改相应结构；若未找到，则到 free 的 slab 双向链表中寻找，若找到则返回，否则需要调用伙伴内存管理方法申请一些新的 slab。

在一般情况下，slab 中管理的对象并不释放给系统。释放的对象只是标识为空闲，以供下次重用。因此，slab 在很大程度上避免了 buddy 内存管理方法中由小对象分配引起的内部内存碎片问题；slab 分配器还支持通用对象的初始化，从而避免了为同一目的而对一个对象重复进行初始化；slab 通过三个层次的对象内存分配体系及硬件缓存对齐和着色技术，使其在分配和管理对象时能够充分利用 CPU 中的 cache 和已经分配的对象缓存，从而达到提高对象内存分配、初始化和回收的速度。

3.5.2　Linux 用户库函数管理内存方法

用户程序通过 malloc 和 free 等函数来分配和释放内存。为支持 malloc 和 free 等内存管理函数，目前存在多个版本的 C 语言运行库，其中比较著名的有 ptmalloc2，jemalloc，Hoard malloc 和 Thread-caching malloc（tcmalloc）等。

在 Linux 中 malloc 和 free 函数存在于 glibc 库中，函数默认采用的是由 Wolfram Gloger 和 Doug Lea 编写的 ptmalloc2 版本。本节将讲解 ptmalloc 库函数通过什么数据结构来管理从内核获得的内存，以及如何进行内存分配和释放。

此版本的 malloc 用两种方式获得内存空间，如图 3-16 所示。一个是通过 brk 系统调用来移动逻辑 heap 段的指针以分配或缩小地址空间；另一个是通过 mmap 系统调用，在内存映射段开辟新的逻辑地址空间，如系统所属。根据前面的讲解，这两个系统调用都能是完成逻辑地址分配和页表设置，然后通过缺页中断，由操作系统内核完成实际的物理内存分配。

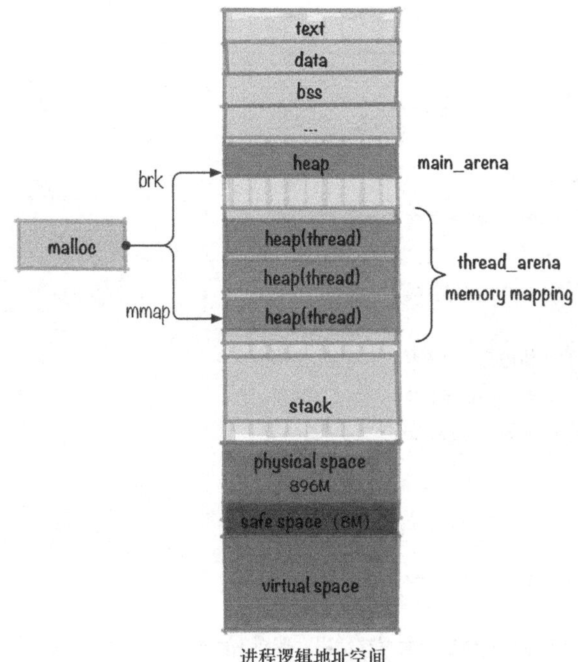

图 3-16　malloc 获得内存空间的两种方式

1. **内存空间组织方式**

为描述由这两个系统调用从内核申请到的内存空间，malloc 使用数据结构有：malloc_state、heap_info 和 malloc_chunk，具体代码如下。

```
//glibc/malloc/malloc.c
struct malloc_state
{
  /* 定义锁,用于序列化存取内存*/
  __libc_lock_define (, mutex);

  /* 标志位  */
  int flags;

  /* fastbins 数值 */
  mfastbinptr fastbinsY[NFASTBINS];

  /* 最顶端内存块的基地址*/
  mchunkptr top;

  /* 分割出请求内存后剩余的内存块地址*/
  mchunkptr last_remainder;

  /* bins 数组*/
  mchunkptr bins[NBINS * 2 - 2];

  /* 桶位图*/
  unsigned int binmap[BINMAPSIZE];

  /*状态链表指针*/
  struct malloc_state. *next;

  /* 空闲区域链表指针. */
  struct malloc_state *next_free;

  INTERNAL_SIZE_T attached_threads;

  /* 内这块区域分配的具体内存  */
  INTERNAL_SIZE_T system_mem;
  INTERNAL_SIZE_T max_system_mem;
};


#define top(ar_ptr) ((ar_ptr)->top)

/* 一个堆数据结构，用于保存一块连续的内存结构，该数据结构可通过调用 mmap() 函数进行内存分配*/
```

```
typedef struct _heap_info
{
  mstate ar_ptr; /* 该堆的 Arena 结构 */
  struct _heap_info *prev; /* 前一个堆结构指针*/
  size_t size;   /* 当前堆的大小*/
  size_t mprotect_size; /* 保护内存的大小，包括保护读和保护写的内存大小*/
  /* 按照下面规则进行内存对齐，即 sizeof (heap_info) + 2 * SIZE_SZ 是 MALLOC_ALIGNMENT 的
整数倍 */
  char pad[-6 * SIZE_SZ & MALLOC_ALIGN_MASK];
}

struct malloc_chunk {

  INTERNAL_SIZE_T      mchunk_prev_size;  /* 上一个内存块大小*/
  INTERNAL_SIZE_T      mchunk_size;       /* 本内存块大小*/

  /* 双向链表的前向和后继指针*/
  struct malloc_chunk* fd;
  struct malloc_chunk* bk;

  /* 仅用于大内存块，大内存块的双向列表指针*/
  struct malloc_chunk* fd_nextsize; /* double links -- used only if free */
  struct malloc_chunk* bk_nextsize;
};

/* 获取一个 arena 的函数，该函数在获取 arena 过程中使用了相应的锁
   首先获取能够被这个线程成功加锁的 arena（这是一个常见的用法，用于加快访问速度）
   然后循环检查 arena 链表。如果链表中没有有效的 arena，则新建一个 arena。在这种情况下，'size'参数
 是指在这个新建的 arena 中内存的大小
*/

#define arena_get(ptr, size) do { \
      ptr = thread_arena;                                    \
      arena_lock (ptr, size);                                \
  } while (0)

#define arena_lock(ptr, size) do {                           \
      if (ptr && !arena_is_corrupt (ptr))                    \
        __libc_lock_lock (ptr->mutex);                       \
      else                                                   \
        ptr = arena_get2 ((size), NULL);                     \
  } while (0)

/* 对于一个给定的指针，发现其所在的堆和对应的 arena */

#define heap_for_ptr(ptr) \
```

```
    ((heap_info *) ((unsigned long) (ptr) & ~(HEAP_MAX_SIZE - 1)))
#define arena_for_chunk(ptr) \
    (chunk_main_arena (ptr) ? &main_arena : heap_for_ptr (ptr)->ar_ptr)
```

这些数据结构主要用于辅助 malloc 完成如下的内存逻辑结构，以合理地组织和管理内存。这些内存逻辑结构包括 arena、heap 和 chunk，如图 3-17 所示。其中，arena 能够将多个 heap 组织在一起，为一个或多个线程分配内存或删除内存；heap 是一段连续的内存块（逻辑地址连续的段）；chunk 是在 heap 中分配的一块内存段

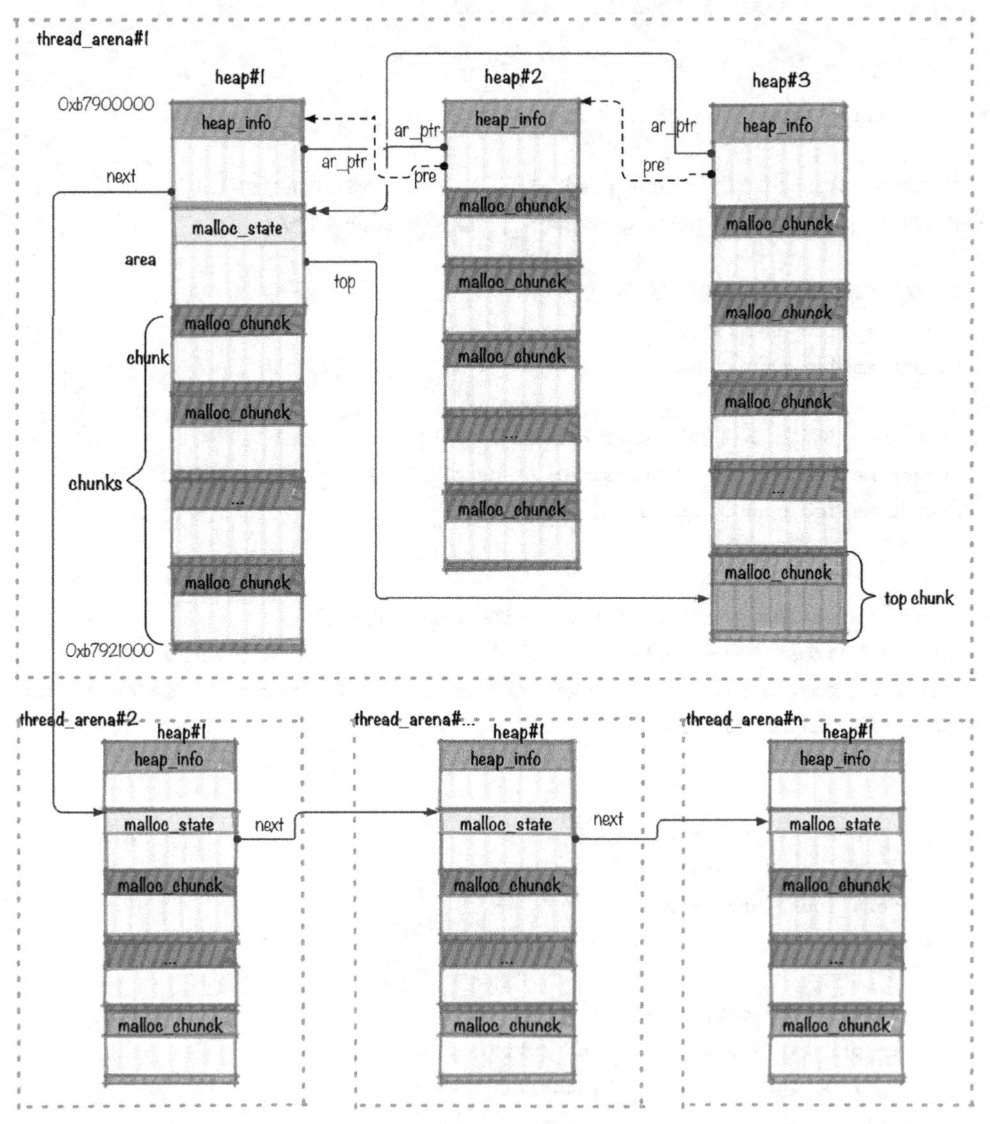

图 3-17 malloc 内存逻辑结构

malloc_state 描述了 area，其能够将多个 heap 组织起来，并通过 fastbinsY 和 bins 数组指向 heap 中的 chunk，具体如图 3-18 所示。malloc_state 的 top 指向了最新分配 heap 空间中位于最高地址的 chunk（top chunk）。通过这个 top 指针能够获得 top chunk 所在的 heap（heap_for_ptr），并通过 heap_info 的 pre 指针来

遍历在这个 arena 中已经创建好的 heap。每个 heap 的头信息 heap_info 中的 ar_ptr 指针指向了该 arena 描述头信息结构的 malloc_state。arena 通过 malloc_state 中的 next 指针指向下一个 arena，因此可以形成一个 arena 链表。

arena 包括两种形式：一种为 main_arena，主要与用户进程空间中的 heap 段相对应；另一种为 thread_arena（见图 3-17），主要为每个或多个线程来管理其所需的内存。main_arena 的结构与 thread_arena 的结构稍有不同。在 main_arena 中仅存在一个 heap，这个 heap 就是逻辑地址空间中的 heap 段。在这个 heap 中没有 heap_info 数据结构，全部为 chunks。在 malloc 中通过一个全局变量 main_arena 中的 top 指针指向该 heap 的 top chunk。

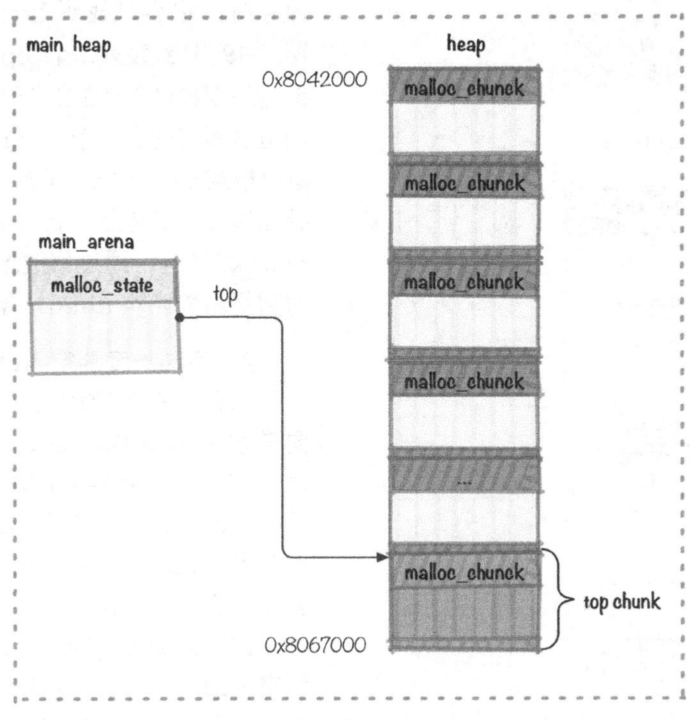

图 3-18　main_arena 结构

malloc 为每个线程创建一个 arena（thread_arena），线程将使用该 arena 所表示的内存空间。这样组织内存最大的好处是使每个线程尽量有自己的内存空间管理结构，以免因多个线程使用同一个内存空间而导致等待（在多个线程使用同一个 arena 时，如果一个线程占用这个结构，则其他线程需要等待，以保证 arena 中内存组织结构的一致性）。

但是，malloc 创建的 arena 数量是有限的，在 32 位平台下 arena 最大数量为“2CPU 内核数量”；在 64 位平台下 arena 最大数量为“2CPU 内核数量”，当创建的线程数量超过了 arena 最大数量限制时，将新创建的线程绑定到已经创建好的 arena。如果这个已创建好的 arena 正在被使用，则需要通过 arena 链表寻找目前处于空闲状态的 arena，并将这个空闲的 arena 分配给这个线程。如果寻找不到空闲的 arena，则阻塞这个线程。

chunk 描述了分配给用户进程的内存空间。chunk 使用两种数据结构来表示其是处于空闲状态还是占用状态。malloc 使用显性链表来组织这些 chunk。当 chunk 处于空闲时，其内部结构如图 3-19 所示，通过 fd 和 bk 指针组成空闲块的双向链表。其中 pre_size 指的是上一个 chunk 中 user data（已分配空间）或 unused space（未分配空间）的大小，而 size 指的是该 chunk 中的空间大小。

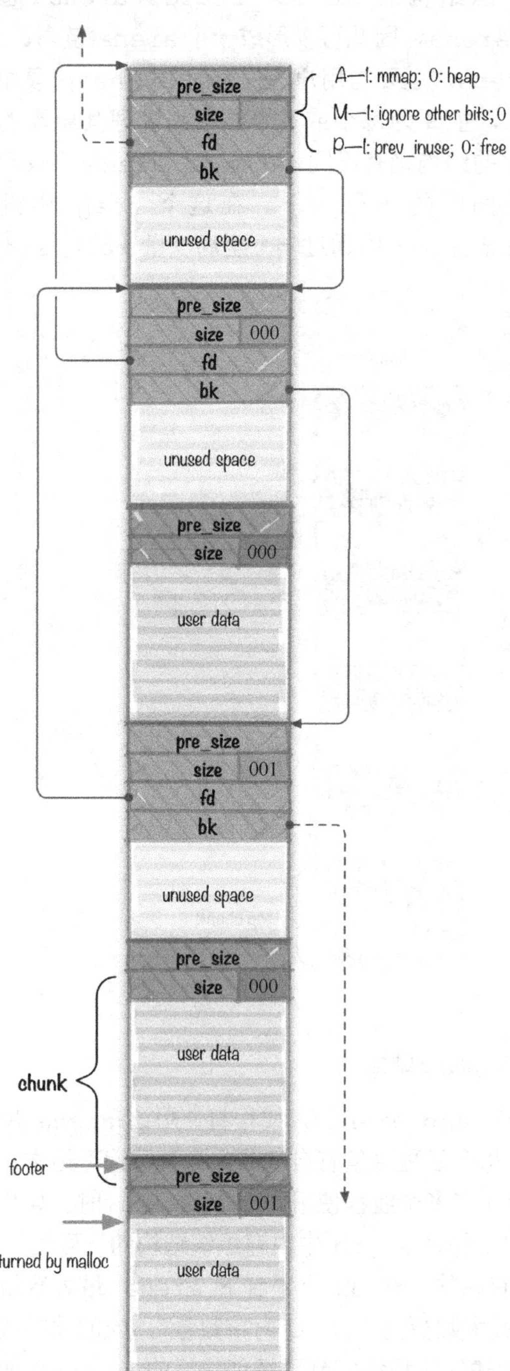

图 3-19 chunk 空闲状态下的内部结构

如果在生成 chunk 时，将该 chunk 可分配大小写入 size 和下一个 pre_size 中，则该 pre_size 可以充当 footer。通过 footer 边界标记技术，使得在回收内存时，很容易找到上一个块。例如，在图 3-19 中倒数第二个 chunk 中的 user data 被释放时，通过此 chunk 的 P 标志位知道紧邻它的上一个 chunk 为空闲状态，这时根据 pre_size 所指示的大小，经过指针偏移可以得到上一个 chunk 的 malloc_chunk 结构，通过修改这个结构的 size 达到将相邻两块 chunk 合并的目的。

2. 多种长度的空闲链表组织

如果所有的空闲 chunk 使用一个双向链表进行组织，那么在申请一块空间时，需要遍历此链表，这样使得分配内存效率较低。为寻找合适 chunk 的速度，可以按照 chunk 的大小，对所有的空闲 chunk 进行组织。

在 malloc 中使用桶（bins）结构组织空闲的 chunk。具体做法是，根据空闲的 chunk size 大小将其放入不同的桶中（单向或双向链表）。为支持不同访问类型的数据使用，在 malloc 中主要包含 fastbin、bins、top chunck 和 last remainder chunk 结构。

- **fastbin**

fastbinsY 用于存放空闲的“小”chunk（size 大小在 16～80 字节）。malloc 在 arena 的 fastbinsY 结构基础上封装了 fastbin，用于小内存的分配和释放管理。在 fastbin 中，每个桶存放的 chunk 大小相差 8 字节，第一个桶存放 16 字节 chunk 的链表，第二个桶存放 24 字节 chunk 的链表，以此类推，最多能存放 80 字节 chunk 的链表。但是在默认初始化时，fastbin 中保存的最大 chunk 为 64 字节，具体结构如图 3-20 所示。

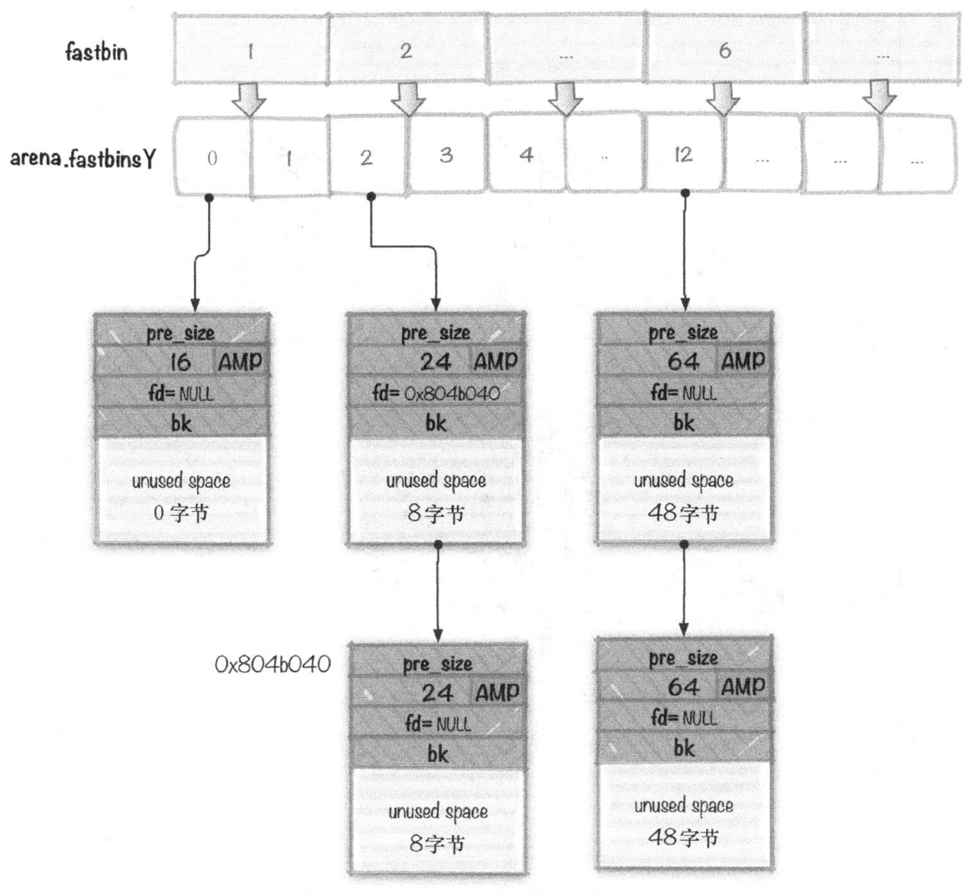

图 3-20　fastbin 内存管理结构

每个桶中存放的是 chunk 的单向链表。在分配内存和回收 chunk 时，采用后进先出（LIFO）策略，即在每个桶的链表首部删除或者增加 chunk。需要注意的是，为提高内有分配速度，在 fastbin 中不对地址相邻的空闲 chunk 进行合并。这虽然会加快外部碎片产生的速度，但能够提高内存分配速度。

在进程运行初始阶段，fastbin 中的各个桶均为空，当用户在申请小内存时，在 bins 桶中的 small 区域进行查找，在分配给用户合适的内存后，剩余内存所对应的 chunk 将被插入 fastbin 相应桶中的链表。

- **bins**

malloc bins 与 arena 结构（malloc_state）中的 bins 相对应， malloc bins 中的每项分别对应 arena bin 中的两项，如图 3-21 所示。与 fastbins 不同，bins 中每个桶均为双向链表（通过 malloc_chunk 中的 fd 和 bk 指针实现）。

在 malloc bins 中包含 unsorted bins、small bins 和 large bins 三种区域，共占用了 126 个桶。其中，unsorted bin 只有 1 项，在 bins[1]中；small bins 共有 62 项，在 bins[2]～bins[63]中；large bins 共有 63 项，在 bins[64]～bins[126]中。

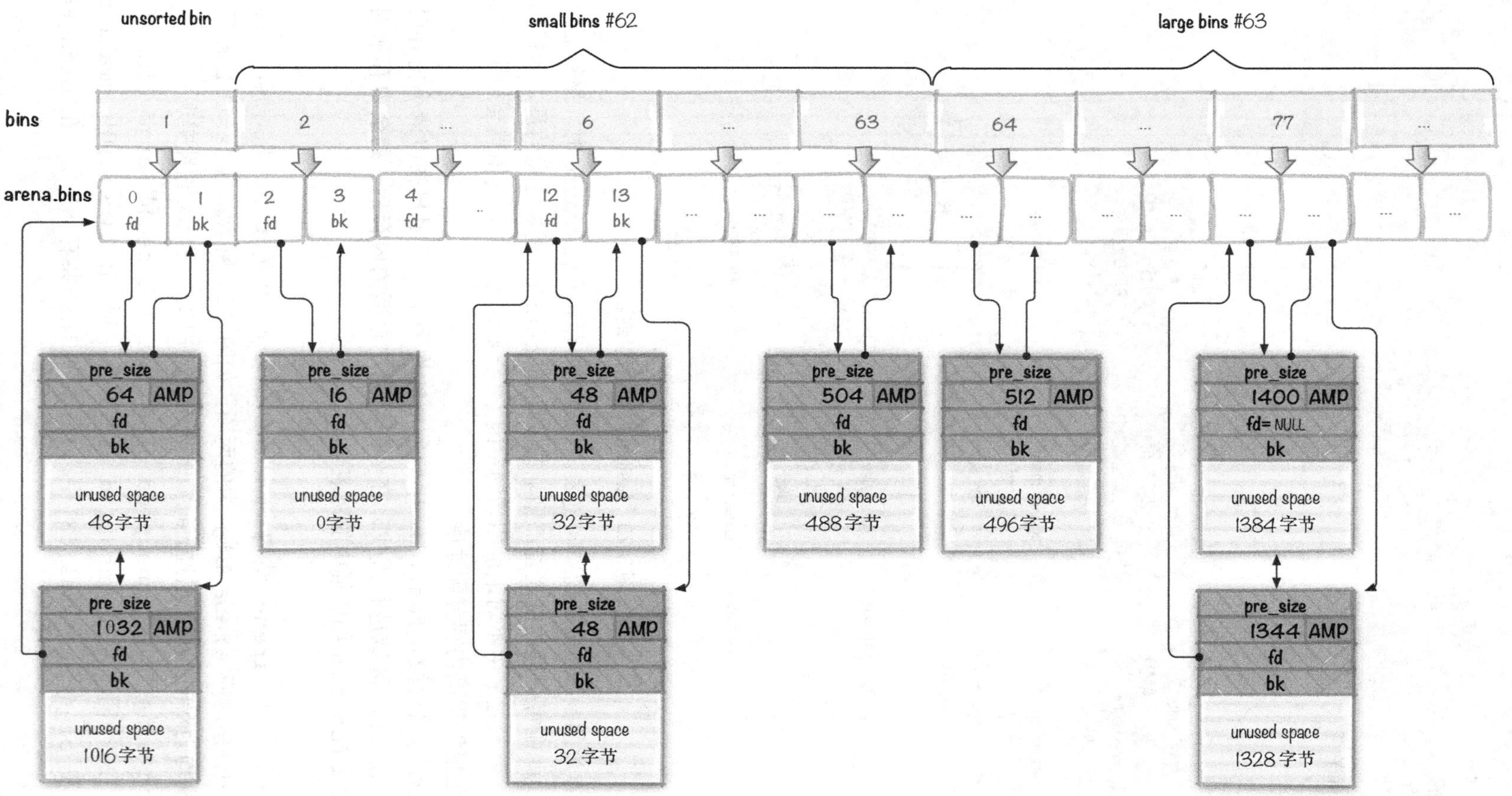

图 3-21 bins 内存管理结构

unsorted bin 用于存放回收的 chunk。small chunk 或 large chunk 在处于空闲状态时，将被加入 unsorted bin 中。这是因为考虑到这些空闲的 chunk 可能会被马上重用。

small bin 用于存放小于 512 字节的 chunk。small bin 主要用于小内存的分配，在每个桶中保存大小相同的 chunk 双向链表。相邻桶的 chunk 大小相差 8 字节。例如，在 bins[2]中保存 16 字节的 chunk 双向链表；bin[3]保存为 24 字节的 chunk 双向链表。以此类推，bins[63]中保存 504 字节的 chunk 双向链表。

large bin 用于存放大于或等于 512 字节的 chunk。每个 large bin 都是一个双向链表，用于存放大小在一定范围内的空闲 chunk。与 small bin 不同的是，在 large bin 中每个桶存放大小不等的空闲 chunk。因此对这些空闲 chunk 进行从大到小的排序。

63 个 large bin 存放空闲 chunk 具体分配方案如下。

32 个桶，相邻两个桶中保存的 chunk 大小范围相差 64 字节。例如，bins[64]中包含大小在 512～568 字节的 chunk；bins[65]中包含大小在 576～632 字节的 chunk。

16 个桶，相邻两个桶中保存的 chunk 大小范围相差 512 字节。

8 个桶，相邻两个桶中保存的 chunk 大小范围相差 4096 字节。

4 个桶，相邻两个桶中保存的 chunk 大小范围相差 32768 字节。

2 个桶，相邻两个桶中保存的 chunk 大小范围相差 262144 字节。

1 个桶，保存剩下的 chunk。

当用户请求的内存需要在 large bin 区域的桶中分配时，首先根据请求内存大小确定具体的桶，其次在该桶所指向的双向链表尾部，按照从小到大的最佳适应方法查找合适的 chunk。此 chunk 将被分为两部分：一部分返给用户使用；另一部分将加入 unsorted bin 中。

- **top chunk**

top chunk 位于 arena 最顶端，它既不属于 fastbin 也不属于 bin。当用户请求的内存大于 fastbin 和 bin 中所保存的内存空闲块，并且小于 top chunk 时，top chunk 将分裂为两部分：一部分用于用户请求的内存；另一部分将变为新的 top chunk。如果 top chunk 也不能满足用户所请求的内存，则调用 sbrk 或者 mmap 函数来进行内存扩展。

- **last remainder chunk**

last remainder chunk 与 top chunk 类似，不属于 fastbin 与 bin 两种桶结构。在分配一个 small chunk 时，如果在 small bins 中找不到合适的 chunk，并且 last remainder chunk 满足要求，则将 last remainder chunk 分裂为两部分：一部分用于用户请求的内存；另一部分将变为新的 last remainder chunk。last remainder chunk 能够提高 malloc 连续分配小 chunk 的速度。

3．malloc 内存分配或回收

（1）分配算法

在进程初始状态，heap 的大小为 0。如果第一次用户请求的内存小于 mmap 分配阈值，则 malloc 会申请把 128KB+sizeof(malloc_chunk)的内存给 heap；如果大于 mmap 分配阈值，则直接使用 mmap 分配内存。

- 如果用户请求的内小于 mmap 分配阈值，malloc 首先在 fastbin 中查找 chunk，如果找到 chunk，则将其返给用户。
- 如果找不到合适的 chunk，则在 small bins 中进行查找；如果找到，则将 chunk 返给用户。
- 若还找不到，则将 fastbins 所有的 chunk 都加入 unsorted bin 中，并进行 chunk 合并。
- 然后在 unsorted bin 中进行查找。如果找到合适的 chunk，则返回给用户；如果在 unsorted bin 中没有找到合适的 chunk，则将 unsorted bin 中的所有 chunk 加入 small bins 或 large bins 中，并进行 chunk 合并。
- 然后在 large bins 中进行查找。如果找到，则将此 chunk 分为两部分：一部分返回给用户；另一部分加入 unsorted bin 中。
- 如果在 large bins 中也未找到，malloc 则会查看 top chunk。如果 top chunk 满足用户要求，则将 top chunk 分为两部分：一部分返回给用户；另一部分成为新的 top chunk。
- 如果 top chunk 大小也不满足要求，则根据 mmap 分配阈值和用户请求内存的大小，来决定是采用 mmap 增加内存映射区以在对应 arena 中生成新的 heap，还是应用 sbrk 进行 heap 内存扩展以增加 arena 中 top chunk 的大小。

（2）回收算法

在一般情况下，用户通过 free 函数释放的内存并没有被操作系统回收，而是被重新打包成 chunk，并放入 malloc 相应的内存结构中，以供重用。但是如果释放的内存紧邻 top chunk，使得它们合并起来足够大，则将通过 munmap 系统调用将这些内存返回给操作系统。具体释放过程如下。

- 如果回收的 chunk 足够小，则将其放入合适的 fastbin 中。
- 如果回收的 chunk 是经过 mmap 得到的大数据块，则将其通过 munmap 释放给操作系统。
- 查看此 chunk 是否有相邻的处于空闲的 chunk，如果有，则合并它们成为新的 chunk。
- 如果此 chunk 为 top chunk，则根据 top chunk 的大小来决定是否将内存释放给操作系统；如果此 chunk 不是 top chunk，则将其存入 unsorted bin 中。
- 如果此 chunk 足够大，则合并 fastbin 中所有的 chunk；查看 top chunk 是否有足够大的空间，以给操作系统返回一些内存。由于性能原因，此步可能会被推迟到在 malloc 函数或其他函数调用时才完成。

3.5.3 Nginx 内存管理模型

Web 服务器为分析、处理用户发出的请求及发送响应消息，需要不断分配不同长度的内存。虽然可以通过库函数 malloc、free 管理内存，但是在高并发环境下，需要服务器在处理大量用户请求过程中不断地使用 malloc、free 来申请和释放内存，这时使用此库函数并不高效。这是因为 malloc、free 等库函数都是针对通用目的来进行设计的，其通过内部复杂的数据结构在一定程度上避免了或减缓了内存碎片的产生，但是其内部数据结构维护代价较高。尤其是在短时间内大量的内存申请和释放操作，会造成其内部数据结构的维护效率变低，从而导致内存申请和释放的速度变慢。

Nginx 是目前常用的 HTTP 服务器，针对其处理用户请求消息及响应消息的特点，设计了内存池结构，根据“多次分配，一次释放”的原则，达到对内存高效使用的目的。通过内存池，使得服务器在一定阶段中频繁地从内存池中申请内存，但是这些内存并未释放给操作系统，并在此阶段后，通过销毁内存池的方式一次性地将内存池中所有内存释放给操作系统。这样设计的好处是，内存池数据结构简单，维护代价较低，从而提高了内存管理的效率。

例如，假设 Web 服务器在 1s 内要处理 1000 个用户请求，处理每个请求需要申请 30 次内存。如果使用 `malloc` 和 `free` 库函数，则需要调用 30000 次 `malloc` 和 `free`，每次调用都会修改其内部数据结构（`ptmalloc2`），随着其内部的 chunk 增大，这些操作所引起的修改代价会越来越高。而在 Nginx 中，只需调用类似 `malloc` 的内存申请函数 30000 次和 1 次内存池释放函数。并且由于内存池结构简单，在 Web 服务器环境下，其分配和管理内存效率远远高于 `malloc`、`free` 库函数。

Nginx 中的内存池结构如图 3-22 所示。在内存池中维护两个链表：一个是小内存链表；另一个是大内存链表。如果用户需要申请的内存大于 `max`，则通过 `malloc` 库在系统中申请，然后生成 `ngx_pool_large_t` 结构，并加入大内存链表中；如果小于 `max`，则在小内存链表中寻找合适的内存区域进行分配。如果在小内存链表中没有适合用户申请大小的内存，则新建一个小内存节点（`ngx_pool_data_t`），并插入小内存链表中，然后为用户分配内存。

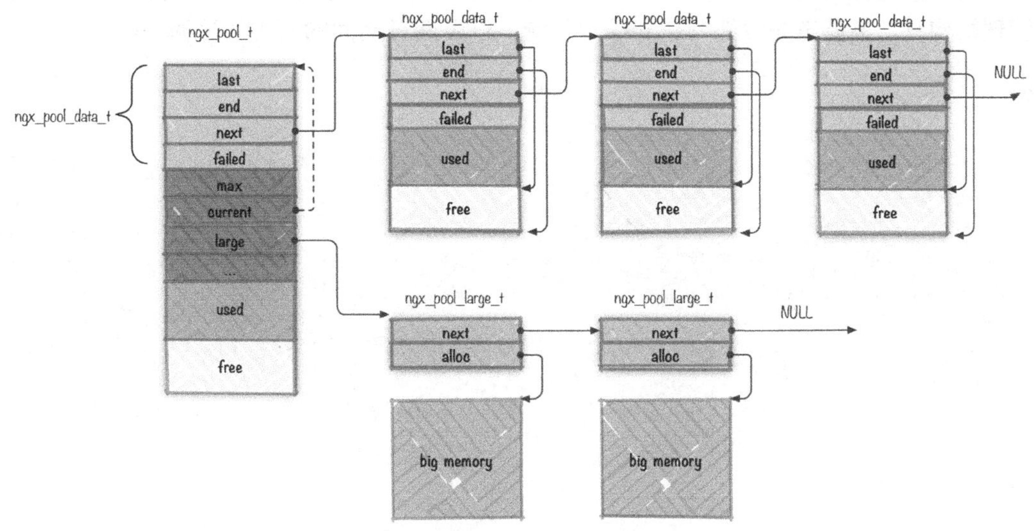

图 3-22　Nginx 中的内存池结构

由于此内存池在分配给用户内存后并不担心其释放内存，因此它只需记录目前内存已经分配的情况（通过 last 和 end 指针分别指向未分配内存的起始和结束位置）。当需要销毁内存池时，其将根据两个链表结构，依次释放从操作系统申请的内存。因此，此内存池不会产生内存碎片。

从上述内存池数据结构及分配、释放内存方法来看，内存池使用“以空间换时间”策略。其应用的合理假设前提为：在一段时间内，系统内存足够大，能够满足用户在不释放内存情况下连续申请内存空间的要求。在应用此内存池结构时，一定要注意应用场景和环境，其不能替代 malloc、free 等库函数作为一般应用场景下的内存管理方法来使用。

3.6 实验 8 Web 服务器的内存管理

题目 1：查询 tcmalloc 相关材料，写出其组织和管理内存的结构，并说明为什么其在多线程环境下管理内存（分配和释放内存）的效率比 ptmalloc 高。

题目 2：根据对 Nginx 中内存池的描述，实现与此描述类似的内存池（可以参考 Nginx 相关源代码）。注意，此内存池要支持内存对齐和多线程。

题目 3：设计测试代码，在不同内存申请和释放情况下，对比 malloc、free 和内存池的内存申请和释放效率。（例如，连续分配 300000 个小内存，两种方法所需的时间；连续分配和释放 300000 个不同大小的内存，malloc、free 所消耗的时间，以及内存池完成连续分配 300000 个不同大小的内存和一次释放这些内存所消耗的时间等）

题目 4：通过指定数量的线程或任务共享一个内存池的方式，来修改前面 Web 服务器中申请和释放内存的代码。每个任务都从指定的内存池中申请内存。当使用一个内存池的任务完成时，才会释放这个内存池。例如，指定 k 个任务共享一个内存池，当服务器中存在 $10k$ 个任务时，服务器就会创建 10 个内存池。当内存池中 k 个任务完成时，该内存池就会被释放。

题目 5：根据 Linux 内核内存模型和 ptmalloc2 用户内存管理模型，设计合理的内存管理结构，以支持实验 7 中缓存 Web 页面的 Hash 结构对内存的使用和释放。在设计此内存管理结构时，需要考虑性能问题和碎片问题，以及两者之间的折中和平衡问题。

第 4 章 Web 服务器的文件存储系统

4.1 背景介绍

此 Web 服务器主要访问的是 HTML 页面及与页面相关的文件（图像文件、声音文件等）。这些文件具有数量众多、长度较小（几十 KB 至几百 KB）、不经常被修改（一般情况下只读，或批量删除）等特点。Linux 文件系统（Ext 2 或 Ext 3）虽然能够支持存储、读取和删除这些海量的小文件，但由于这些文件系统一般是针对通用文件及其操作进行设计的，从而会造成在海量小文件中查找并读取文件速度较慢、存储空间利用率较低等问题。为解决上述问题，本章将探讨如何设计合理的文件系统来高效地存储和查询这些小文件。

本章首先介绍 Linux 系统中常用的 Ext 文件系统，通过分析它的结构特点，说明其在存储和只读海量小文件时的缺点；然后通过介绍淘宝的图片文件系统结构，说明如何进行海量小文件的存储；最后通过布置的作业来实现一个能够进行小文件存储和查询的文件系统。

4.2 Linux 中的 Ext 2 文件系统

Linux 下常用的文件系统为 Ext 系列（Ext 2、Ext 3 和 Ext 4）文件系统。本节通过介绍 Ext 2 的文件系统结构来分析其在存储和查询小文件时的不足。

4.2.1 Ext 2 文件系统结构

Ext 2 文件系统将磁盘分为大小相等的块（block）。磁盘上的启动块（boot block）内部存储的是操作系统引导程序。这段程序在开机自检后，通过 BIOS 加载到指定内存并运行。磁盘上其余的空间被分为块组（block group），在每个块组中包含超级块（super block）、组描述符（group descriptor）、数据位图、inode 位图、inode 表和数据块等内容，如图 4-1 所示。

其中，超级块用于存储此文件系统自身的属性信息，包括空闲块和使用块数目、块大小、各种时间戳、版本等信息。超级块描述了文件系统的核心信息，为了防止此块数据被破坏，超级块的备份将稀疏地保存在不同块组中，例如，出现在以块组 0、1 和其他以 3、5、7 为幂的组块中。

组描述符反映了各个组块状态的信息，包括组块中的空闲块和 inode 数目。需要注意的是，每个组块的组描述都包含了文件系统中所有组块的状态信息。组描述等占 k 个块。

数据位图和 inode 位图分别占用一个块，它们的内部均为一个比特串，通过不同位上的 0 或 1 来表示后面每个数据块和 inode 节点的使用情况。

在 inode 表中保存此文件系统中所有的 inode 信息，此使用情况可以通过前面的 inode 位图进行管理。

数据块用于保存文件或目录的数据。

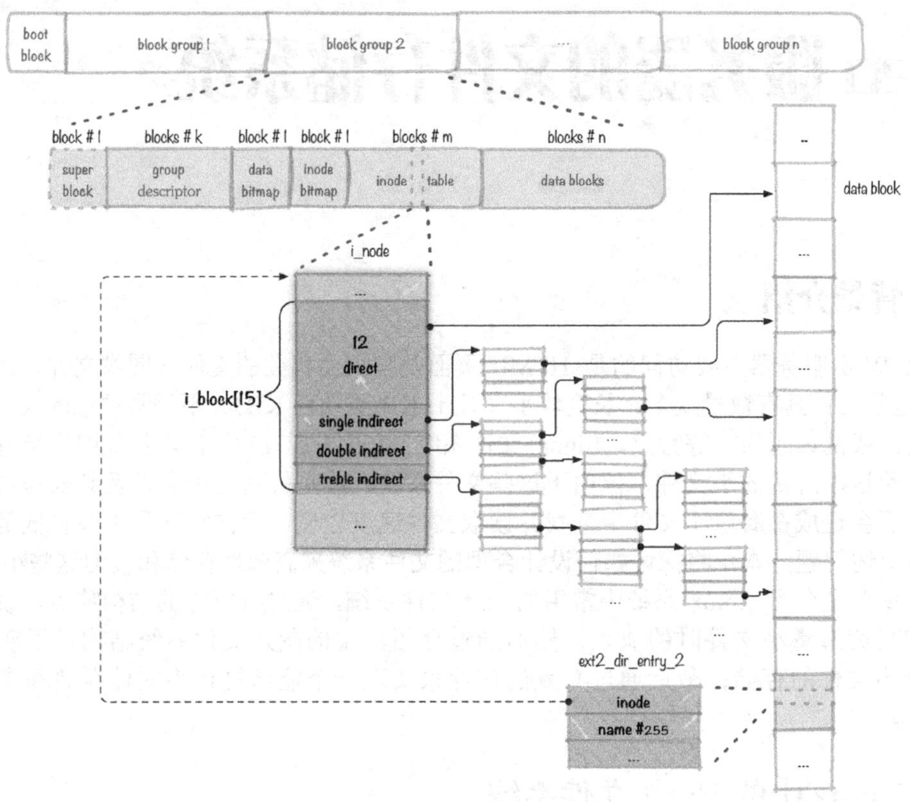

图 4-1　Ext 2 文件系统结构

在 Ext 2 文件系统中，将文件和目录统一看成文件，每个文件都至少有一个 inode 来描述其元信息（长度、访问时间、创建时间、修改时间、文件属性等）和数据所在块的位置。Ext 2 文件系统为了支持不同长度的文件，在 inode 节点中使用了混合文件索引结构。其中，数组 `i_block` 的前 12 项保存的是数据所在的块号，后三项分别指向了 1 级、2 级和 3 级的文件索引结构所在块。

如果 inode 表示的是一个目录，则在块中存储的是目录项（`ext2_dir_entry_2`），此目录项中包含文件名（长度为 255 个字符数组）、文件所对应的 inode 编号、名称长度、目录项长度和文件类型。

4.2.2　Ext 2 文件系统分析

- **存储空间效率**

Ext 2 文件系统以块为最小的存储单元，与内存页管理一样，会产生内部碎片和外部碎片。内部碎片指的是块内部空间并没有被一个文件完全利用。外部碎片指的是连续空闲块长度较小，不能满足文件连续分配块的要求。

使用 Ext 2 文件存储海量的小文件（网页及其图片）将会造成极大的浪费。假设每个块的大小为 1KB，一个 1.5KB 大小的网页文件将占用两个块。如果一个文件系统存储的全部是这样的小文件，那么将浪费 25%的存储空间。

除此之外，由于文件比较小而且为只读，在 inode 节点中并不需要 2 级和 3 级文件索引块指针以及文件修改时间等一些属性信息，因此 inode 数据结构较为庞大，也造成了存储空间的浪费。

- **文件读取效率**

第一，考虑所有的小文件全部保存在一个目录中的情况。由于小文件数量众多，从而导致目录项过多、目录文件大等问题。因此，此目录文件所占块可能需要 inode 节点的 2 级或 3 级索引结构进行管理。例如，一个块大小为 1KB，一个目录项为 256 字节，如果一个目录中有 1 兆（M）个小文件，那么此目录文件大小为 256MB，需要 3 级索引结构。另外，在每次读取此目录文件中不同块内容时，都需要读取 4 次块（3 次为读取索引结构块）。由于块所在设备为磁盘或者其他外部存储设备，其读取速度远远低于内存，因此从目录文件中读取目录项的速度较慢，检索文件的速度也较慢。可以通过将 inode 索引结构缓存到内存来部分缓解此问题。另外，如果目录项过多，那么检索此目录中的文件会消耗较长的时间，从而造成文件检索速度变慢。

第二，考虑小文件分散存放在不同目录的情况。在这种情况下，每个目录中存放的文件较少，但是目录会较多。例如，每个目录存放 1024 个文件，那么 1 兆个小文件将需要 1024 个目录，而这些目录的存放结构将影响文件的检索性能。假设使用 4 级目录结构来组织这些目录和文件，那么对其中一个文件的索引将多次读取目录数据块，这也会造成文件块检索速度下降。例如，读取“/2017/8/1/web1.html”，将首先找到根目录 inode；其次索引到根目录下数据块，从中找到名字为“2017”的目录项，在此目录项中找到对应的 inode；接着在此 inode 所对应的数据块中寻找名字为“8”的目录项等；最后重复以上过程直到找到 web1.html 所对应的 inode 节点，在这个过程中，花费了大量时间来检索和读取目录 inode 及其数据块。

此问题也可以通过将 inode 目录节点及其数据放入缓存中来得到部分缓解，但是随着小文件的增多，由于缓存中不能存放所有目录节点的信息，以及访问文件的随机性导致的缓存命中率下降，因此文件检索效率将逐步下降。

4.3　TFS 文件系统

TFS（Taobao File System，淘宝文件系统）是一个高扩展、高可用、高性能、面向互联网服务的分布式文件系统。它最初的设计目标是为淘宝提供海量小文件（不超过 1MB）的存储和快速地进行数据检索和读取服务。为实现此目标，TFS 将它的服务部署在计算机集群的各个节点上，以分摊海量用户并发读取数据的“压力”（系统负荷）。

4.3.1　TFS 文件系统架构

TFS 文件系统主要包含两类服务：命名服务和数据服务。命名服务主要负责建立文件块（block）与数据服务之间的映射关系，以及维护各个数据服务的状态。数据服务主要负责完成对文件的存储和读取功能。通常将命名服务部署在集群的两个节点上，这两个节点称为 NameServer；将数据服务部署在集群中多个节点上，这些节点称为 DataServer。根据用户对系统存储容量和读取数据速度的要求来决定 DataServer 节点的数量。TFS 文件系统结构如图 4-2 所示。

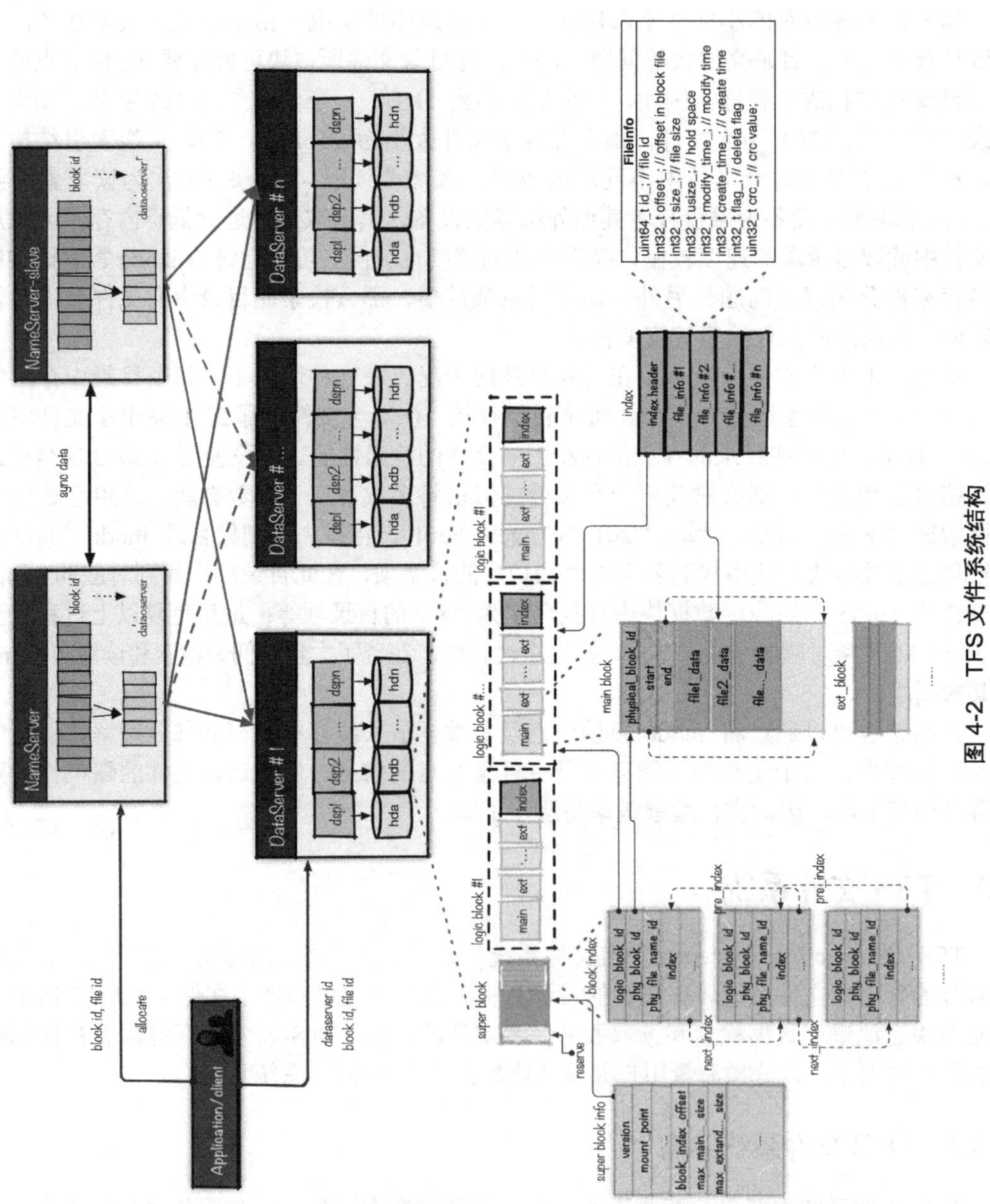

图 4-2 TFS 文件系统结构

- **本地文件系统逻辑结构**

TFS 构建在 Linux 文件系统 Ext 之上，TFS 中每个物理块都对应于 Linux 文件系统下的一个文件。物理块主要用于存储用户上传的文件数据，多个用户上传的文件数据被存储到一个物理块中。物理块分为两种：主块和扩展块。物理块的逻辑结构信息如图 4-2 中的 main block 所示（具体见 TFS 源代码中的 BasicPhysicalBlock 类和 PhysicalBlock 类）。

逻辑块由一个主块和多个扩展块组成。主块主要用于存储用户上传的文件数据；扩展块用于存储文件更新时文件大小发送变化的文件数据。因此，在一个逻辑块中，主块是存储服务的“主力军”，一般情况下，其长度远大于扩展块的长度。逻辑块中每个物理块保存文件数据的情况被记录在索引（index）文件中。

索引文件记录了一个逻辑中每个物理块保存文件数据的情况，如文件 id、文件长度、偏移位置等，具体见图 4.2 中的 FileInfo 结构。每个索引文件都与一个逻辑块相对应。

超级块的作用类似于 Ext 文件系统中的超级块，但是在 TFS 中它以文件的形式存在。Ext 在超级块的首部预留一些字节，然后保存了此文件系统的属性信息，如版本、挂载位置、主块最大尺寸、扩展块最大尺寸等信息，具体见 TFS 源代码的 super_block_info 类。超级块的最后一部分保存了一组 blockindex 结构。这组 blockindex 组成了双向链表，其中的每项都有指向逻辑块的 id、物理块的 id 等内容。

- **文件命名**

TFS 文件命名使用了对象存储的概念，用户存取的每个文件名都包含了此文件所在的集群代码、block id 和文件 id 等内容。TFS 文件名的编码方式如图 4-3 所示。

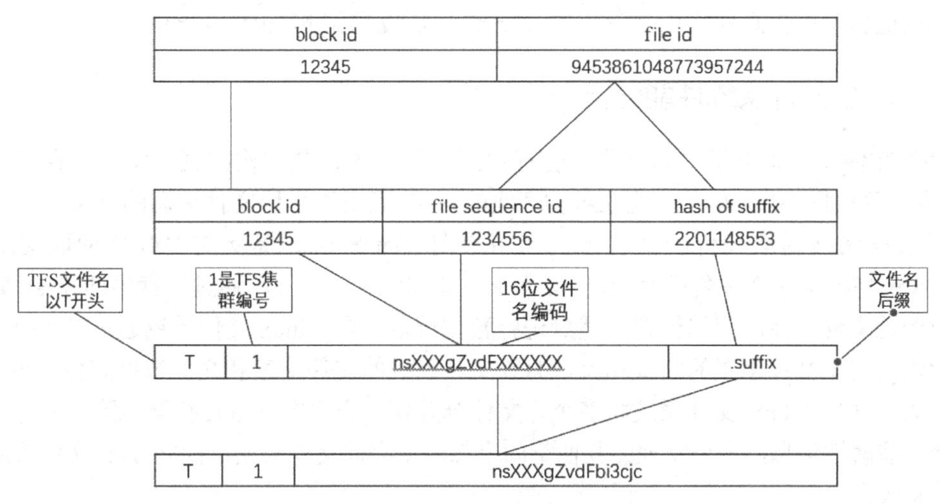

图 4-3　TFS 文件名的编码方式

TFS 文件名最大长度为 18 字节，文件名第一个字节为 T，第二个字节为集群编号（1～9），其他字节由 block id 和 file id 通过一定编码方式来获得。因此，在已知文件名的情况下，根据编码规则可以很容易得到此文件的 id 和 block id。

- **NameServer**

NameServer 用于完成分布式系统中的命名服务。在 TFS 文件系统中，NameServer 主要用于维护 block id 与 DataServer 之间的映射表，并通过心跳服务维护各个 DataServer 的运行状态。NameServer 在运行过程中，一直接收 DataServer 上传的 block id 或对一些

block id 更新数据。

同时，为增强系统健壮性，NameServer 将自己的所有数据定时备份到另一台 NameServer 节点上。如果主 NameServer 异常，那么系统将切换到备份 NameServer 中运行。

当 NameServer 接收到用户发送的对指定文件的读取请求时，其能够根据文件名（由 block id、file id 和其他编码组成）判断此文件所在的 block 在哪个 DataServer 服务器中，然后将此 DataServer 的地址返回给用户。

当 NameServer 接收到用户发送的写文件请求时，先判断此文件名是否存在，如果存在，则将其需要写入文件数据的 DataServer 地址返回给客户；如果不存在，则根据负载平衡原则，从 DataServer 服务器列表中选出一台服务器返回给用户。

- **DataServer**

DataServer 负责具体的数据存取服务。为提高数据并发读/写性能，在 DataServer 中，每个物理磁盘对应一个数据处理服务（DSP）。为了加快文件检索速度，DataServer 在启动时将把所有超级块中的 blockIndex 和每个逻辑块的索引数据加载入内存中，同时把其管理的 block id 发送到 NameServer。

当 DataServer 接收到用户读文件请求时，首先在内存中根据文件名查找此文件所在的物理块、文件大小和偏移位置，其次利用这些信息读取文件数据并返回给用户。

当 DataServer 接收到用户写入文件数据的请求时，其首先判断此文件是否已经存在，如果存在，则根据文件大小完成文件的覆盖写或者追加到相应物理块的尾部；如果不存在，则将数据追加到文件尾部，如果超出当前文件块的限制，则在新建块中存储此文件内容。其次更新索引信息并将相关变化的 block id 发送到 NameServer 中。

4.3.2 TFS 文件系统性能分析

TFS 文件系统采取了“扁平化”管理模式，取消了目录结构，直接将数据存储在文件（块）中，并根据 block id 建立对物理块的 hash 索引以加快文件信息的定位。在不考虑分布式系统网络通信代价的情况下，当用户向 DataServer 提交文件数据读取请求时，DataServer 将根据此文件名所对应的 block id 和 file id，通过内存中的 hash 索引直接定位到此文件具体的存储位置，然后进行数据读取。与 Linux 文件系统通过 Ext 中的逐层目录检索来定位文件位置的方式相比，TFS 文件系统的文件检索和文件数据定位速度快。

针对小文件，TFS 文件系统将多个小文件合并到一个块中并进行存储。除了在每个块头部存储一些属性信息，一个物理的其他空间全部用来存储文件数据，因此 TFS 文件系统的空间利用率较高。

TFS 文件系统是针对海量小文件和其不经常更新的特点进行设计的。如果在此文件系统中经常进行大量的文件数据更新，则会导致扩展块增多、索引时间变长，从而引起文件读取速度下降。

4.4 实验 9 Web 服务器的文件系统

题目 1：使用网络爬虫工具，下载足够多的网页及其图片文件，要求数据量为几十 GB。

题目 2：设计并实现一个适合小文件存储和快速读取的本地文件系统——万维网文件系统（Web File System, WFS），将题目 1 下载的文件内容存入设计好的 WFS 中。为此文件系统设计相关索引结构（参考 Hash、B+-tree 等索引文件结构），能够根据文件名定位到文件时间存储的位置，并根据文件大小进行文件内容读取。当将此索引结构加载到内存时，读取文件仅需要进行一次 I/O 操作即可完成。（提示：常用的 Linux 文件系统经常需要三次 I/O 完成文件的读取，第一次是将目录结构数据读取到内存；第二次是将文件的 inode 节点读取到内存；第三次根据 inode 记载信息在磁盘中读取文件内容）。

题目 3：设计并实现支持上面文件系统的 API 接口（用于读文件、写文件、删除文件）。这个接口能够支持多线程对同一个或多个文件的并发操作；能够提前预读或缓冲部分文件数据以加快文件读取速度。通过实现的文件系统 API 接口，将题目 1 中下载的文件导入此文件系统中。

题目 4：设计相关测试方法和程序，以比较本地 Linux 文件系统和前面设计的文件系统在存储和读取文件时的差别。特别要注意，空间利用率和检索、读取文件速度之间的差别。如果本地文件系统的数据检索和文件读取速度较慢，则分析速度慢的原因：是文件系统结构设计问题、算法问题，还是编程中的代码没有优化？在分析这些原因时，要参考 Linux 文件系统中的相关设计思想和源代码。

题目 5：将上面实现的文件系统及其 API 接口集成在前面章节实现的 Web 服务器中，并测试其性能，特别是在处理用户高并发请求时的文件 I/O 读取速度。

第 5 章 Web 服务器的网络 I/O 性能优化

5.1 背景介绍

回忆 1.3 节中介绍的 socket 编程相关内容可知，目前设计的 Web 服务器在接收到信号前阻塞在 `accept()` 函数。一旦有客户端请求，首先将启动进程（线程）接收请求消息，解析并处理该消息，并读取相关文件内容，其次将文件内容发送给客户端。这里除了 `accept()` 函数，socket 的读/写函数，Web 文件的读取函数和向日志文件输出信息的写函数也是阻塞执行的。例如，在调用 `read()` 函数读取内容时，`read()` 函数将被阻塞，直到 socket 接收缓冲区接收到数据，并将数据复制到用户空间缓冲区后才继续运行。同理，向 socket 发送数据的 `write()` 函数也会经历类似 `write()` 函数的阻塞，具体过程如图 5-1 所示。

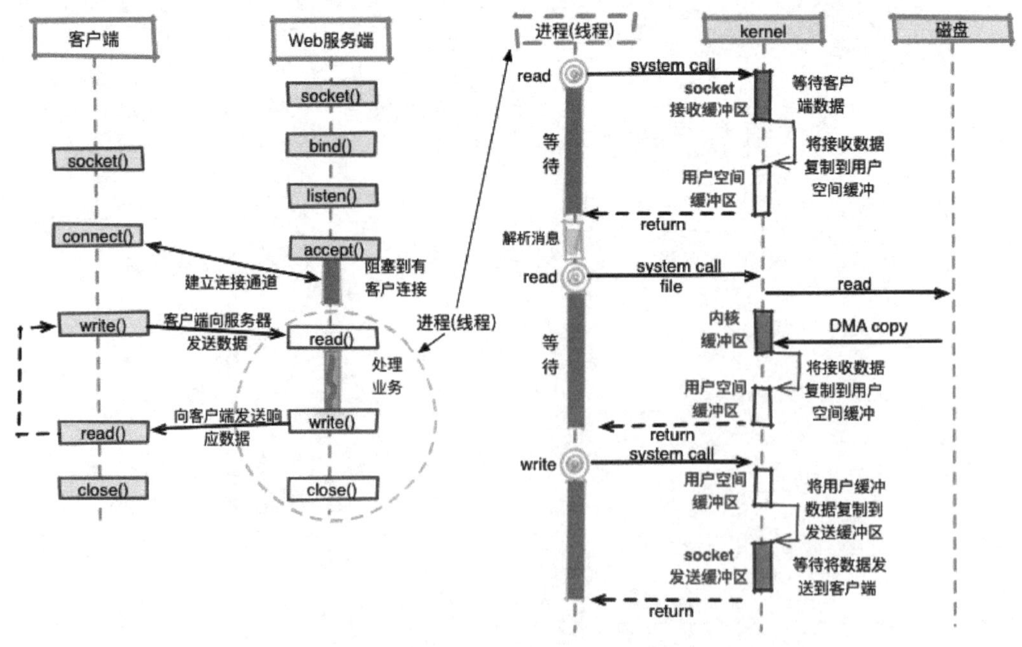

图 5-1　Web 服务器调用服务的过程

虽然 Web 服务器通过多进程/多线程机制，将接收客户端连接请求的 `accep()` 阻塞与处理业务进行分割，使它们能够并行处理，但是只要有一个用户请求就需启动一个进程/线程。如果在请求用户并发量较小的情况下，上述的多进程/线程方案并没有问题，但是如果在请求并发量众多的情况下，上述每个用户请求对应一个进程/线程就会造成系统负载过重和大量的资源浪费。

假设进程/线程上下文交换和系统调用均消耗 10μs CPU 时间，每个消息解析需要消耗 1μs CPU 时间，每个网络 I/O 阻塞时间为 50μs，每个磁盘 I/O 的阻塞时间为 20μs，Web 服务器每秒接收到用户的 1 次请求连接，按照上述模型，Web 服务器需要启动 1 个进程/线程，每个线程仅有 1μs 时间处理消息解析和运行代码，其余 150μs（10+(50+10)×2+20）全部浪费在了上下文切换、系统调用和 I/O 阻塞上。若 Web 服务器每秒接收到 10 万次客户端请求，则创建 10 万进程/线程，则浪费的 CPU 时间为 3s（上下文切换和系统调用时间总共为 30×100000μs），CPU 实际用来工作（解析消息和执行代码）的时间为 0.1s，I/O 阻塞总时间为(50×2+25)×100000=12.5s。很明显，开启大量的进程/线程并不能提高 Web 系统的性能，反而因为大量进程/线程的创建，消耗了系统资源，并且消耗了大量进程/线程的切换时间。另外，开启大量的进程/线程并不能解决每个线程在发送、接收数据时阻塞所消耗的时间。

以上内容说明，要处理 Web 服务器高并发问题，仅通过增加多进程/多线程并不能解决，还需要在 socket 网络端口设计上进行改变以减少 I/O 的等待时间。不同于之前介绍的 socket 操作均工作在阻塞模式下，本章将介绍 socket 在非阻塞模式下各种操作的使用方法，以提高 Web 服务器的网络吞吐量；同时还将分析 Web 服务器在进行 I/O 数据传输时，系统内核缓存和用户空间缓存之间复制数据所带来的时间消耗，进而说明减少复制数据的方法。

5.2　socket I/O 多路复用

本章开始已经说明了，通过多进程/多线程来进行 I/O 多路传输（支持多个客户端并发访问）并不高效。为解决此问题，socket 提供以下接口来进行 I/O 多路传输的触发式访问，具体调用接口有 select、poll 和 epoll。

5.2.1　select

select 接口提供了同步监控多个 socket 通道的能力，一旦有 socket 通道就绪（能够发送数据、有可读数据、有客户端连接请求、通道异常），此函数就会返回，并告知哪些 socket 通道就绪，以便上层调用程序处理，具体函数接口如下。

```
int select(int nfds, fd_set *readfds, fd_set *writefds, fd_set *exceptfds, struct timeval *timeout);
```

- 参数 nfds 是一个整数值，是指最大 socket 文件描述符个数，为监控所有 socket 文件，描述符数量再加 1。
- 参数 readfds、writefds 和 exceptfds 分别指向读 socket、写 socket 和异常 socket 的描述符集合首地址。fd_set 为文件描述符集合。
- 参数 timeout 为 select 的超时时间。当将 timeout 设置为 NULL 时，select 处在阻塞状态，直到监控的各种 socket 文件描述符发生变化时才返回；当将 timeout 设置为 0 时，select 变为非阻塞状态，不管各种 socket 文件描述符是否发生变化，均返回；当 timeout 为具体时间数值时，select 会阻塞直到这个时间过期，或者各种 socket 文件描述符发生变化，才返回。

该函数返回值表示有多少个 socket 文件描述符发生变化。当返回负值时，表示发生错误。

fd_set 为一个位数组，用来标识监控的 socket 文件描述符。Linux 系统提供了以下宏以控制 fd_set 数组。

FD_ZERO（fd_set* set）：清空 fd_set 数组。

FD_SET（int fd, fd_set* set）：将指定 fd 添加到 fd_set 中。

FD_ISSET（int fd,fd_set* set）：测试指定 fd 是否在 fd_set 中。

FD_CLR（int fd, fd_set* set）：将指定 fd 从 fd_set 中删除。

使用函数 select()接收客户端消息的代码如下。请详细阅读此代码和相关注释，以便理解和掌握函数 select()的使用方式。

```
// select_server.c, where the code is modified based on selectserver.c on the book
"Beej's Guide to Network Programming"

#include <stdio.h>
#include <stdlib.h>
#include <string.h>
#include <unistd.h>
#include <sys/types.h>
#include <sys/socket.h>
#include <netinet/in.h>
#include <arpa/inet.h>
#include <netdb.h>

# define PORT "8088" // 服务器侦听客户端连接的端口

// 取得socket 地址属性信息
void *get_in_addr(struct sockaddr *sa)
{
  if (sa->sa_family == AF_INET) {
    return &(((struct sockaddr_in*)sa)->sin_addr);
  }
  return &(((struct sockaddr_in6*)sa)->sin6_addr);
}

int main(void)
{
  fd_set master;    // 存储要监控的 socket 文件描述符
  fd_set read_fds; /* 存储用于 select 函数中监控读 socket 的文件描述符。每次 select 返回后都会
修改这个 fd_set，其返回后的 read_fds 中仅存储有数据传输的 socket 文件描述符*/
  int fdmax;        // 最大的 socket 文件描述符数量

  int listener;     // 侦听端口的 socket 文件描述符
  int newfd;        // 在 accept()后，与客户端建立新的 socket 文件描述符
  struct sockaddr_storage remoteaddr;     // 客户端地址
  socklen_t addrlen;

  char buf[256];                          // 客户端数据的缓冲区
```

```
int nbytes;

char remoteIP[INET6_ADDRSTRLEN];

int yes=1;                   // 通过调用 setsockopt()，将侦听端口设置为重用（SO_REUSEADDR）
int i, j, rv;

struct addrinfo hints, *ai, *p;

FD_ZERO(&master);                          // 初始化 master 和 read_fds 数组
FD_ZERO(&read_fds);

// 初始化一个 socket，并且通过 bind 绑定该 socket
memset(&hints, 0, sizeof hints);
hints.ai_family = AF_UNSPEC;
          //不确定是在 IPv4 还是在 IPv6 场景下使用。 IPv4 为 AF_INET; IPv6 为 AF_INET6
hints.ai_socktype = SOCK_STREAM;
hints.ai_flags = AI_PASSIVE;               // 被动的地址信息，用于 bind

if ((rv = getaddrinfo(NULL, PORT, &hints, &ai)) != 0) { // 获得主机名称
  fprintf(stderr, "selectserver: %s\n", gai_strerror(rv));
  exit(1);
}

for(p = ai; p != NULL; p = p->ai_next) {
  // 构造侦听 socket
  listener = socket(p->ai_family, p->ai_socktype, p->ai_protocol);
  if (listener < 0) {
    continue;
  }

  // 设置此 socket 能够重用已经占用的地址端口，以防止这个错误信息发生："address already in use"
  setsockopt(listener, SOL_SOCKET, SO_REUSEADDR, &yes, sizeof(int));

  if (bind(listener, p->ai_addr, p->ai_addrlen) < 0) {
    close(listener);
    continue;
  }

  break;
}

// p == NULL，则表示 bind()函数失败
if (p == NULL) {
  fprintf(stderr, "selectserver: failed to bind\n");
  exit(2);
}
freeaddrinfo(ai);                          // 释放这些地址资源
```

```
    /* 设置 listen 为侦听端口，10 表示内核维护一个长度为 10 的连接请求队列，队列中的客户端连接请求还
没有被服务器进程处理*/
    if (listen(listener, 10) == -1) {
      perror("listen");
      exit(3);
    }

    // 将 listener 新增到 master set 中
    FD_SET(listener, &master);

    // 持续追踪最大的 file descriptor
    fdmax = listener;

    // 主要循环
    for( ; ; ) {
      read_fds = master;                        // 复制 master
      //监控 read_fds 中 socket 文件描述符的变化
      if (select(fdmax+1, &read_fds, NULL, NULL, NULL) == -1) {
        perror("select");
        exit(4);
      }
      //如果运行到此处，则说明 select 函数已经检测到 socket 文件描述符发生了变化
      // 在现存的连接中寻找需要读取的数据
      for(i = 0; i <= fdmax; i++) {
        if (FD_ISSET(i, &read_fds)) { /* 在读 socket 描述符集合中找到发送变化的描述符，即有客
户端数据输入或有客户端连接请求*/
          if (i == listener) {
            // 侦听 socket 发生变化，表明有新的客户端连接请求
            // 处理新的连接请求
            addrlen = sizeof remoteaddr;
            newfd = accept(listener,
              (struct sockaddr *)&remoteaddr,
              &addrlen);

            if (newfd == -1) {
              perror("accept");
            } else {
              FD_SET(newfd, &master);         // 将新创建的 socket 设置到 master set 中
              if (newfd > fdmax) {            // 持续追踪最大的 fd
                fdmax = newfd;
              }
              // 打印客户端相关信息
              printf("selectserver: new connection from %s on "
                "socket %d\n",
                inet_ntop(remoteaddr.ss_family,
                  get_in_addr((struct sockaddr*)&remoteaddr),
                  remoteIP, INET6_ADDRSTRLEN),
```

```
                newfd);
            }
        } else {
          // 客户端向服务器发送了消息，服务端对应的 read socket 文件描述符做出响应
          // 处理来自客户端的数据
          if ((nbytes = recv(i, buf, sizeof buf, 0)) <= 0) {
            // got error or connection closed by client
            if (nbytes == 0) {
              // 关闭连接
              printf("selectserver: socket %d hung up\n", i);
            } else {
              perror("recv");
            }
            close(i); // bye!
            FD_CLR(i, &master); // 从 master set 中移除此 socket 描述符
          }
          //打印接收的客户端消息
          buf[nbytes]='\0'
          printf("client message: %s", buf)
        } //
      } //
    } //
  } //

  return 0;
}
```

通过阅读上面代码，可以知道 select 能够监控多个 socket 文件描述符（多个网络 I/O 通道），一旦有通道就绪，select 就返回并标识出能够操作的 socket 文件描述符。在 select 中，将接收（accept）客户端连接与客户端读/写等操作均看作 socket 文件描述符操作。因此，即使是在单进程/线程环境中，各个操作之间（accept、read 和 write）也没有任何关系，相互之间不会形成阻塞。

select 为了实现监控多个网络 I/O 通道，需要轮询这些 I/O 通道所对应的 socket 文件描述符，一旦发现有文件描述符状态发生变化，则返回，并通知用户哪些 I/O 通道上的文件描述符发生变化，如图 5-2 所示。然而，select 在监控大量 I/O 通道时并不高效，这是由以下几点因素决定的。

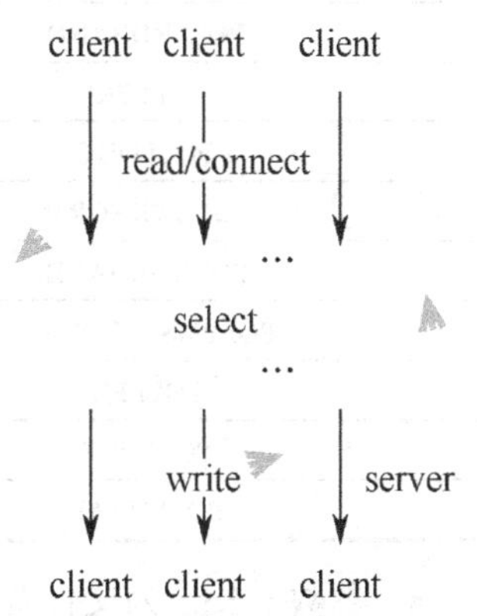

图 5-2　select 轮询多路 I/O 通道

- 进程文件描述符限制：select 监控的 I/O 通道个数受系统内核打开文件描述符数量的限制。一般情况下，Linux 默认每个进程最多打开 1024 个文件描述符。虽然这个数值可以通过重新编译内核的方式进行修改，但是这样可能会造成系统的其他部分性能下降，并且也很难支持监控 I/O 数量达到数万级别。

- 轮询检测：由于 select 是轮询（循环挨个询问）各个 I/O 通道（socket 文件描述符），因此在大量客户端并发访问下，其效率并不高。例如，select 维护 1000 个 I/O 通道，其可能访问了 999 个通道都没有任何反应，只有第 1000 个通道有反应，可以发现前 999 次通道的状态查询都没有意义，因此浪费了 CPU 大量时间。同时，select 在返回时，需要上层调用程序来遍历所有文件描述符，以检测哪些文件描述符能够操作。因此随着监控的描述符增多，其效率也会下降。
- 用户空间到内核空间的复制：监控的 socket 文件描述符，需要经历用户空间到内核空间，然后内核空间到用户空间的复制过程。监控大量文件描述符（大量 I/O 通道）比较浪费资源和 CPU 时间。

5.2.2 poll

poll 与 select 没有本质的区别，只不过 poll 没有监控 I/O 通道（socket 文件描述符）数量的限制。poll 并没有解决其他两个影响 select 性能的问题。其具体接口函数如下。

```
int poll (struct pollfd *fds, nfds_t nfds, int timeout)
```

- 参数 * fds 指向一个 pollfd 类型的链表首地址。pollfd 的数据结构如下。

```
struct pollfd{
  int fd;           //文件描述符
  short events;     //等待的事件
  short revents;    //实际发生的事件
}
```

其中，事件是掩码，可以组合使用，具体事件如表 5-1 所示。

表 5-1 具体事件

事件	含义
POLLIN	有数据可读
POLLRDNORM	有普通数据可读
POLLRDBAND	有优先数据可读
POLLPRI	有紧迫数据可读
POLLOUT	写数据，不阻塞
POLLWRNORM	写普通数据，不阻塞
POLLWRBAND	写优先数据，不阻塞
POLLMSGSIGPOLL	消息可用
POLLER	发生错误
POLLHUP	发生挂起
POLLNVAL	描述符非法

- 参数 nfds 为文件描述符数量。
- 参数 timeout 为等待时间，单位为 μm。

由于篇幅有限，poll 的具体使用方法请读者自行查阅相关资料。

5.2.3 epoll

epoll 针对 select 和 poll 的限制，通过将监听 socket 文件描述符及其事件一次性放入其内部数据结构进行存储（select 每次都需传递要监控的 socket 文件描述符），来减少用户空间向内核空间数据复制的次数；采用发布-订阅机制，将用户关注的 socket 操作事件和相关回调函数发布到网络驱动程序，网络驱动程序在接收从网卡传过来的信号后，调用相应的回调函数，将对应的包含 socket 的数据结构发布到就绪队列中；用户调用 epoll 的等待接口后，如果就绪队列中有数据项，则将这些内容返回；如果没有，则当前进程会被阻塞，并放置在阻塞队列中，直到收到网络驱动回调函数发出的信号，才恢复运行，并将就绪队列中数据项内容返回，具体流程如图 5-3 所示。通过上面的发布-订阅机制和进程的等待、恢复运行机制，epoll 摆脱了低效地轮询检测各个 socket 接口是否就绪的行为，不会随着监控 socket 增多而性能下降。select 和 poll 轮询检测的复杂度为 $O(n)$，而 epoll 轮询检测的复杂度为 $O(1)$。

1. epoll 接口函数

epoll 主要包含以下三个操作接口函数。3 个函数具体实现过程请参考相关 Linux 内核源代码。

（1）int epoll_create(int size)

此函数用于在内核中创建 eventpoll 数据结构，并将其看成特殊文件，连接到 Linux 文件系统中，然后返回此文件描述符。此函数的 size 参数，在目前的内核中并没有任何意义。eventpoll 结构中几个关键数据结构的指针是 rdllist、wq 和 rbr，分别指向 ready_list 就绪队列、红黑树的根节点和 wait 等待队列。

（2）int epoll_ctl(int epfd, int op, int fd, struct epoll_event *event)

此函数表示对指定文件 fd 的对应事件 event 进行注册、删除或修改。以注册为例，此函数将首先创建新的 epitem，对参数信息进行封装，并将此 epitem 加入 interest list（内部结构为红黑树）中，然后将此文件、事件及对应的回调函数注册到网络驱动程序中。其注册完成后，网络驱动程序在处理消息时，就会监控此文件对应的事件是否出现，一旦该事件发生，就将对应的 epitem 放入就绪队列（ready list）中，并给相关的等待进程/线程发送通知信号。

- 参数 epfd 是上面 epoll_create() 返回的 eventpoll 文件描述符.
- 参数 fd 为文件描述符。
- 参数 op 为操作编码，是指对上面的文件描述符进行怎样的操作。EPOLL_CTL_ADD 表示将 fd 注册到 epoll，使 epoll 能够监控此 fd 的相关事件；EPOLL_CTL_DEL 表示将 fd 从 epoll 中删除，并不在关注此 fd 所对应的事件；EPOLL_CTL_MOD 表示要修改 epoll 要监控的 fd 事件。
- 参数 event 表示与 fd 对应的事件。event 所指向的数据结构如下。

```
struct epoll_event {
  __uint32_t events;  /* Epoll events */
  epoll_data_t data;  /* User data variable */
};
```

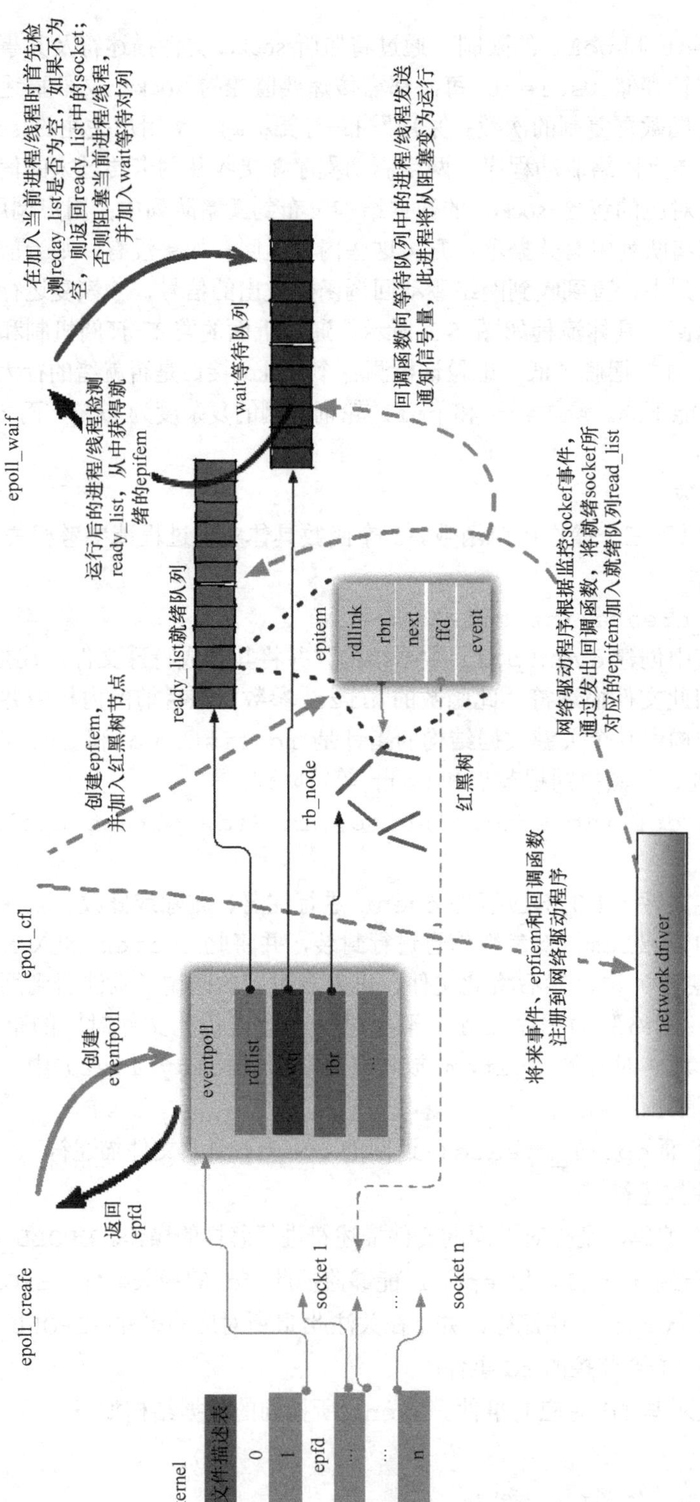

图 5-3 epoll 工作流程图

可以使用如下的宏定义 event，更多的宏定义和详细说明请见 Linux 关于 epoll_ctl 的描述文档。

EPOLLIN：文件可以读。

EPOLLOUT：文件可以写。

EPOLLPRI：文件有紧急数据可读。

EPOLLERR：文件发生错误。

EPOLLHUP：文件被挂起。

EPOLLRDHUP：另外一端关闭连接或 shutdown 而引起的文件进入半连接状态。

EPOLLLET：开启边缘触发，epoll 默认事件是水平触发。

EPOLLONESHOT：一个事件发生并被读取后，文件将不再被监控。

EPOLLEXCLUSIVE：Linux 4.5 版本以后能用，设置排他性唤醒阻塞进程/线程模式，以防惊群现象（thundering herd）的出现。

epou-ctr 函数的返回值为 0 表示？；返回值为-1 表示出错，可通过 errno 变量来定位出错原因。

（3）int epoll_wait(int epfd, struct epoll_event *evlist, int maxevents, int timeout)

此函数在执行时，首先判断就绪队列中是否有未处理的事件（epitem），如果有，则直接从就绪队列中将 epoll_event 从内核空间复制到用户空间中；否则将阻塞该进程/线程，直到获得来自网络驱动调用回调函数发出的信号，才恢复运行，并将就绪队列中的 epoll_event 从内核空间复制到用户空间中。

- 参数 epfd 是上面 epoll_create() 返回的 eventpoll 文件描述符。
- 参数 evlist 是一个 epoll_event 的数组。
- 参数 maxevents 是上面数组的长度。
- 参数 timeout 是阻塞当前进程/线程的时间，0 表示不阻塞，-1 表示阻塞当前进程/线程，直到其关注的 socket 事件发生中。

  该函数返回值为-1 表示出错，可通过 errno 变量来定位出错原因；返回值为 0 表示阻塞进程/线程的时间到期，并且就绪队列中并没有其检测的事件发生。其他正整数表示 evlist 所涉及文件描述符数量。

2. epoll 的工作模式

epoll 对待监控的文件及事件有两种工作模式：水平触发（Level Trigger, LT）和边缘触发（Edge Trigger, ET）。

水平触发指的是如果监听的事件发生了，只要还有未处理的事件，epoll_wait 就会一直返回。例如，如果检测事件为指定 socket 读事件，则当 socket 接收缓冲区不为空（有数据可读）时，epoll_wait 会一直返回。水平触发会引起 epoll 惊群问题（thundering herd），具体处理方法请读者自行查询相关材料。

边缘触发指的是如果监听的事件发生了，不管是否还有未处理的事件，epoll_wait 只会返回一次，除非下一次监听的事件到来。例如，如果检测事件为指定 socket 读事件，则 epoll wait 会返回一次，即使当前 socket 接收缓冲区不为空（还有数据未处理），epoll_wait 也不再返回。

水平触发同时支持阻塞和非阻塞 socket，是 epoll 默认的工作模式；边缘触发需要

EPOLLLET 来进行设定，仅支持非阻塞 socket。很明显，因为 EPOLLLET 返回的次数少，所以会更加高效。

5.3 阻塞和非阻塞 I/O

Linux 系统在操作文件时，将操作方式分为阻塞和非阻塞，阻塞指的是操作在进行系统调用后会阻塞当前进程/线程运行，直到此函数返回，当前进程/线程才能继续运行。系统默认使用阻塞的方式操作 I/O。如图 5-4 所示，在调用 read 函数后，首先被阻塞，等待客户端的数据发送到 socket 接收缓冲区，并复制到用户空间缓存区后，才会继续运行。

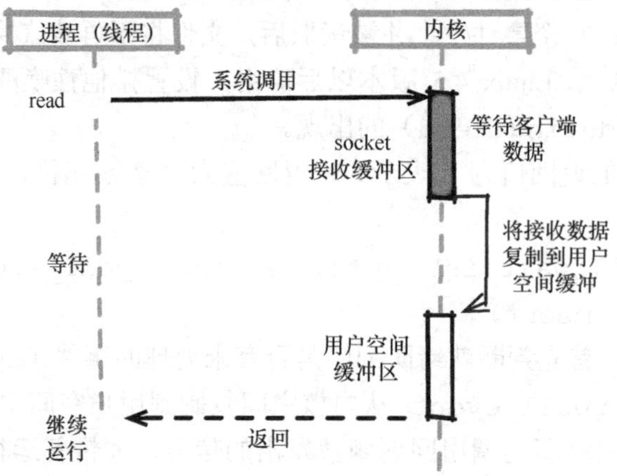

图 5-4 进程使用 read 读取 socket 数据的阻塞交互行为

非阻塞指的是操作在进行系统调用后，不管操作是否成功，会马上返回，如图 5-5 所示。read 函数在进行系统调用后，如果 socket 接收队列中没有数据，则 read 函数马上返回；如果有数据，则将数据复制到用户空间后再返回。

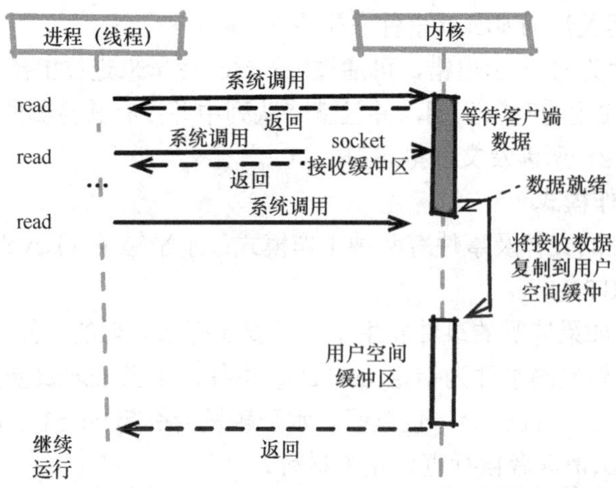

图 5-5 进程使用 read 读取 socket 数据的非阻塞交互行为

可以通过函数 fcnt 将指定的 socket 设置为 non blocking。例如，fcntl(fd, F_SETFL, fcntl(fd,F_GETFL,0)|O_NONBLOCK)，可将 fd 所对应的 socket 设置为非阻塞。在操作 socket 时，接口操作的阻塞和非阻塞行为如表 5-1 所示。

表 5-1　接口操作的阻塞和非阻塞行为

函数	socket 状态	阻塞	非阻塞
read	有输入数据	立即返回	立即返回
	无输入数据	等待输入数据	立即返回，并且报 EWOULDBLOCK 错误
write	输出缓冲有效	立即返回	立即返回
	输出缓冲无效	等待	立即返回，并且报 EWOULDBLOCK 错误
accept	有新连接	立即返回	立即返回
	无新连接	等待新连接	立即返回，并且报 EWOULDBLOCK 错误
connect		等待	立即返回，并且报 EWOULDBLOCK 错误

基于 epoll 和非阻塞 I/O 的多线程服务器代码如下。

```
//epoll_server.c
//gcc -o epoll_server -g -lpthread epoll_server.c
//此函数可以启动多线程或单线程模式
//./epoll_server multi      ----为多线程
//./epoll_server            ----为单线程


#include <stdio.h>
#include <stdlib.h>
#include <string.h>
#include <errno.h>
//#include <stdbool.h>

#include <netinet/in.h>
#include <sys/socket.h>
#include <sys/syscall.h>
#include <arpa/inet.h>
#include <fcntl.h>
#include <pthread.h>
#include <sys/epoll.h>
#include <unistd.h>
#include <sys/types.h>
#include <search.h>

#define IPADDRESS   "10.3.40.47"
#define PORT        8088
#define MAXSIZE     1024
#define LISTENQ     5
#define FDSIZE      100000
#define EPOLLEVENTS 100
#define HASHSIZE    100000
#define TIMEOUT     6000

struct thread_param{
    int epollfd;                    //epoll 类型 fd
```

```
    struct epoll_event *events;     //事件列表
    int num;                        //事件列表中的事件数量
    int listenfd;                   //侦听 fd
};

pid_t gettid()
{
    return syscall(SYS_gettid);
}

pthread_mutex_t lock;

static int fd_array[FDSIZE];          //0 表示没有写入; 1 表示已经写入
static char* filetype = "text/html";
//函数声明
int setnonblocking(int fd);
//创建套接字并进行绑定
int socket_bind(const char* ip,int port);
//I/O 多路复用 epoll
void do_epoll(int listenfd);
//事件处理函数
//void handle_events(int epollfd,struct epoll_event *events,int num,int listenfd);
void *handle_events(void* param);
//处理接收的连接
void handle_accpet(int epollfd,int listenfd);
//读处理
int do_read(int epollfd,int fd,char *buf);
//写处理
void do_write(int epollfd,int fd,char *buf);
//添加事件
void add_event(int epollfd,int fd,int state);
//修改事件
void modify_event(int epollfd,int fd,int state);
//删除事件
void delete_event(int epollfd,int fd,int state);
//简化哈希表
char * simple_table[HASHSIZE];
int num_table =0;
pthread_mutex_t simple_table_lock;
//初始化哈希表
void init_simple_table();
//得到哈希表中存储的个数
int get_size_simple_table();
//得到指定项
char* find_item_simple_table(int fd);
//加入指定项
void add_item_simple_table(int fd, char* buf);
//删除指定项
```

```
void del_item_simple_table(int fd);
//释放整个表
void free_simple_table();
// 1 successful; 0 failed
int check_simple_table();


static int singleOmulti = 0; //多线程模式为 1，单线程模式为 0，默认为 0

int main(int argc,char *argv[])
{
    //分析参数
    if(argc == 2){
        if (strcmp(argv[1],"multi")==0)
            singleOmulti = 1;
        else if (strcmp(argv[1],"single")== 0)
            singleOmulti = 0;
        else
        {
            printf("please inputs parameter: multi or single\n");
        }
    }
    int  listenfd;

    //初始化 mutex
    if(pthread_mutex_init(&lock,NULL)!=0){
        printf("\n mutex init failed \n");
        return 1;
    }

    while(1){
        //初始化哈希表
        init_simple_table();

        //初始化 fd_array
        int i;
        for(i=0; i<FDSIZE;i++){
            fd_array[i]=0;
        }
        printf("start the server\n");
        listenfd = socket_bind(IPADDRESS,PORT);
        listen(listenfd,LISTENQ);
        //设置 listenfd 为非阻塞
        setnonblocking(listenfd);
        do_epoll(listenfd);

        //销毁哈希表
        free_simple_table();
```

```
        close(listenfd);
        printf("close the server and restart the server\n");
    }

    return 0;
}

 //设置文件描述符为非阻塞
int setnonblocking(int fd){
    int op;
    op=fcntl(fd,F_SETFL,fcntl(fd,F_GETFL,0)|O_NONBLOCK);
    return op;
}

int socket_bind(const char* ip,int port)
{
    int  listenfd;
    struct sockaddr_in servaddr;
    int  sock_op = 1;
    listenfd = socket(AF_INET,SOCK_STREAM,0);
    if (listenfd == -1)
    {
        perror("socket error:");
        exit(1);
    }
    //设置侦听端口为重用状态
    setsockopt(listenfd,SOL_SOCKET,SO_REUSEADDR,&sock_op,sizeof(sock_op));
    bzero(&servaddr,sizeof(servaddr));
    servaddr.sin_family = AF_INET;
    inet_pton(AF_INET,ip,&servaddr.sin_addr);
    servaddr.sin_port = htons(port);
    if (bind(listenfd,(struct sockaddr*)&servaddr,sizeof(servaddr)) == -1)
    {
        perror("bind error: ");
        exit(1);
    }
    return listenfd;
}

// 0 --- invalide ; 1 - valid
int is_validevent(int epollfd,struct epoll_event* events, int num)
{
    int inval_num = 0;
    int i;
    for(i=0;i<num;i++){
        if((events[i].events & EPOLLRDHUP)||(events[i].events & EPOLLERR)){
            //unregister the events for fd
            if(events[i].events & EPOLLIN)
```

```
                delete_event(epollfd,events[i].data.fd,EPOLLIN|EPOLLET);
            else if(events[i].events & EPOLLOUT)
                delete_event(epollfd,events[i].data.fd,EPOLLOUT|EPOLLET);
            close(events[i].data.fd);

            if (find_item_simple_table(events[i].data.fd) != NULL){
                del_item_simple_table(events[i].data.fd);
            }
            inval_num++;
        }
    }
    if (inval_num == num)
        return 0;
    else
        return 1;
}

void do_epoll(int listenfd)
{
    int epollfd;
    struct epoll_event events[EPOLLEVENTS];
    int ret;
    struct thread_param *param;
    int epoll_wait_num = 0;
    //创建一个描述符
    epollfd = epoll_create(FDSIZE);
    //添加侦听描述符事件
    add_event(epollfd,listenfd,EPOLLIN|EPOLLET);
    printf("epoll server start to listen\n");

    for ( ; ; )
    {
        //获取已经准备好的描述符事件
        ret = epoll_wait(epollfd,events,EPOLLEVENTS,TIMEOUT);
        printf("--------------epoll_wait_num %d -------------\n", ++epoll_wait_num);
        if(ret > 0 && is_validevent(epollfd,events,ret) == 1){
            //创建一个线程来处理 epoll 返回的监控事件
            param = malloc(sizeof(struct thread_param));
            param->epollfd = epollfd;
            param->events = events;
            param->num = ret;
            param->listenfd = listenfd;

            pthread_t ntid;
            if(singleOmulti == 1){
                pthread_create(&ntid, NULL, handle_events, (void *)param);
            }else{
                handle_events((void*) param);
```

```
            }
        }else if(ret == 0){
            //time out
            printf("time out, so restart the server owing to some unknown reasons\n");
            break;
            // int size = get_size_simple_table()
            // printf("time out, the size of simple_table is %d \n", size)
            // if(size > 0 || !check_simple_table()){
            // printf("the size of simple_table is not zero or the num_table is not
equal to the number of items \n");
            // printf("so, maybe some error in epoll.  \n ")
            // break
            // }
        }else if(ret == -1){
            // 发生错误 errno
            printf("epoll finds error %d\n", errno);
            break;
        }
    }
    close(epollfd);
}

int num_handle_events = 0;
// void* handle_events(int epollfd,struct epoll_event *events,int num,int listenfd,
char *buf)
void *handle_events(void* th_param)
{
    int i;
    int fd;
    struct thread_param* param;

    printf("************** the number of handle_events is %d *********************
***\n",++num_handle_events);
    param = (struct thread_param *) th_param;

    //选好遍历
    for (i = 0;i < param->num;i++)
    {
        fd = param->events[i].data.fd;
        //根据描述符的类型和事件类型进行处理
        if ((fd == param->listenfd) &&(param->events[i].events & EPOLLIN))
            handle_accpet(param->epollfd,param->listenfd);
        else if (param->events[i].events & EPOLLIN)
        {
            //读消息
            char buf[MAXSIZE];
            memset(buf,0,MAXSIZE);
            int len = do_read(param->epollfd,fd,buf);
```

```
            if(len > 0){
                //存入哈希表
                char * reponsehtml = malloc(MAXSIZE * sizeof(char));

                sprintf(reponsehtml,"HTTP/1.1  200  OK\nServer:  nweb/23.0\nContent-
Length: %d\nConnection: close\nContent-Type: %s\n\n %s", len, filetype,buf);
                printf("thread %d - add item(%d, %s) into hash \n",gettid(),fd,
reponsehtml);

                add_item_simple_table(fd,reponsehtml);
            }
        }
        else if (param->events[i].events & EPOLLOUT)
        {

            //从哈希表中获得从客户端读出的数据
            int haswrite = 0;
            if(singleOmulti == 1) {
                //线程锁
                 pthread_mutex_lock(&lock);

                if(fd_array[fd] == 0){
                    //设置，写属性
                    fd_array[fd] = 1;
                }
                else{
                    haswrite = 1;
                }
                pthread_mutex_unlock(&lock);
            }
            if (haswrite == 0){
                char * data = find_item_simple_table(fd);
                if (data != NULL)
                {
                    //向客户端写入从客户端读出的数据

                    printf("thread %d - write(%d, %s) into network \n",gettid(),fd,
data);

                    do_write(param->epollfd,fd, data);
                    //默认一次全部写完，所以从哈希表中删除相关项
                     printf("free item:%d\n", fd);
                     del_item_simple_table(fd);
                }
                //recycle the fd;
                fd_array[fd] =0;
            }

        }
    }
```

```
    printf("thread %d exit\n", gettid());
    free(param);
}
void handle_accpet(int epollfd,int listenfd)
{
    int clildfd;
    struct sockaddr_in clildaddr;
    socklen_t  clildaddrlen;
    clildfd = accept(listenfd,(struct sockaddr*)&clildaddr,&clildaddrlen);
    if (clildfd == -1)
        perror("accpet error:");
    else
    {
        printf("accept a new client fd= %d: %s:%d\n", clildfd, inet_ntoa(clildaddr.
sin_addr), clildaddr.sin_port);
        //设置为非阻塞
        setnonblocking(clildfd);
        //添加一个客户描述符和事件
        add_event(epollfd,clildfd,EPOLLIN|EPOLLET);
    }
}

int do_read(int epollfd,int fd,char *buf)
{
    int nread;
    /*
      此处默认一次将客户端数据全部读出来，如果客户端传输数据过大，则需将下面的 read 操作加入循环
中，例如
      while((nread=read(fd,buf,MAXSIZE)) >= 0)
     */
    nread = read(fd,buf,MAXSIZE);
    if (nread < 0)
    {
        perror("read error:\n");
        if (errno == EAGAIN || errno == EWOULDBLOCK)
        {
            perror("EAGAIN or EWOULDBLOCK\n");
        }else{
            fprintf(stderr, "client %d read error\n", fd);
            delete_event(epollfd,fd,EPOLLIN|EPOLLET);
            close(fd);
        }
    }
    else if (nread == 0)
    {
        fprintf(stderr,"client %d close.\n",fd);

        delete_event(epollfd,fd,EPOLLIN|EPOLLET);
```

```
        close(fd);
    }
    else
    {
        printf("read message is : %s \n",buf);
        //修改描述符对应的事件，由读改为写，以便使用同一个 fd 向客户端写数据
        modify_event(epollfd,fd,EPOLLOUT|EPOLLET);
    }
    return nread;
}

void do_write(int epollfd,int fd,char *buf)
{

    /*
      将 write 嵌入循环结构中，一直发送剩余数据，直到将所有数据发送完为止
     */
    int success = 1;
    int writepos =0;
    int nleft  = strlen(buf);
    while(nleft > 0){
        int nwrite=0;
        nwrite = write(fd,buf+writepos,nleft);
        if (nwrite == -1)
        {
            if(errno == errno == EWOULDBLOCK || errno == EAGAIN){
                nwrite = 0;
            }else{
                perror("write error:\n");
                delete_event(epollfd,fd,EPOLLOUT|EPOLLET);
                close(fd);
                del_item_simple_table(fd);
                success = 0;
                break;
            }
        }
        else
        {
            nleft -= nwrite;
            writepos += nwrite;
        }
    }
    if (success ==1){
        printf("write %d successfully \n", fd);
        modify_event(epollfd,fd,EPOLLIN|EPOLLET);
    }
}
```

```
void add_event(int epollfd,int fd,int state)
{
    struct epoll_event ev;
    ev.events = state;
    ev.data.fd = fd;
    epoll_ctl(epollfd,EPOLL_CTL_ADD,fd,&ev);
}

void delete_event(int epollfd,int fd,int state)
{
    struct epoll_event ev;
    ev.events = state;
    ev.data.fd = fd;
    //epoll_ctl(epollfd,EPOLL_CTL_DEL,fd,&ev);
    epoll_ctl(epollfd,EPOLL_CTL_DEL,fd,NULL);
}

void modify_event(int epollfd,int fd,int state)
{
    struct epoll_event ev;
    ev.events = state;
    ev.data.fd = fd;
    epoll_ctl(epollfd,EPOLL_CTL_MOD,fd,&ev);
}


void init_simple_table(){
    int i ;
    num_table = 0;
    if(pthread_mutex_init(&simple_table_lock,NULL)!=0){
        printf("\n mutex init failed \n");
        exit(1);
    }
    for (i = 0; i < HASHSIZE; ++i)
    {
        simple_table[i] = NULL;
    }
}

char* find_item_simple_table(int fd){
    return simple_table[fd];
}

int get_size_simple_table(){
    return num_table;
}

void add_item_simple_table(int fd, char* buf){
```

```
    pthread_mutex_lock(&simple_table_lock);
    if(find_item_simple_table(fd) == NULL){
        //不存在 key
        ++num_table;
    }
    simple_table[fd] = buf;
    pthread_mutex_unlock(&simple_table_lock);
}

void del_item_simple_table(int fd){
    if(simple_table[fd] == NULL){
        //不存在 key
        //避免多次稀释相同数据项
        return;
    }else{
        pthread_mutex_lock(&simple_table_lock);
        free(simple_table[fd]);
        simple_table[fd] = NULL;
        --num_table;
        pthread_mutex_unlock(&simple_table_lock);
    }
}

void free_simple_table(){
    int i;
    pthread_mutex_lock(&simple_table_lock);
    for(i = 0;i<HASHSIZE;i ++){
        if(simple_table[i]!= NULL){
            free(simple_table[i]);
        }
    }
    num_table = 0;
    pthread_mutex_unlock(&simple_table_lock);
}
// 返回值为 1，表示成功;返回值为 0，表示失败
int check_simple_table(){
    int i;
    int num = 0;
    for (i = 0; i < HASHSIZE; ++i)
    {
        if (simple_table[i]!=NULL)
        {
            ++num;
        }
    }
    if (num != num_table)
        return 0;
```

```
    else
        return 1;
}
```

5.4 异步 I/O

前文描述的 socket 操作（read、write、accept 和 connect 等）都是同步模型，即它们都会与作用的对象发送同步交互行为；而异步 I/O 指的是操作与作用对象发生异步行为，它的使用与作用对象之间没有明显的时序关系，select、poll 和 epoll 是异步阻塞 I/O。如图 5-6 所示，进程/线程在调用 aio_read 后，会立即返回处理其他业务，当内核将接收数据放入用户缓冲区时，会向此进程/线程发出信号，然后该进程/线程再响应信号，来处理相关的业务。此接口与同步非阻塞 I/O read 相比（见图 5-5），其类似于 I/O 中断过程；而调用同步非阻塞 I/O read 的进程/线程则是轮询（不停调用 read 来查询）指定 I/O 状态，直到 I/O 状态就绪才继续运行。很明显异步非阻塞 I/O 性能会更好一些。

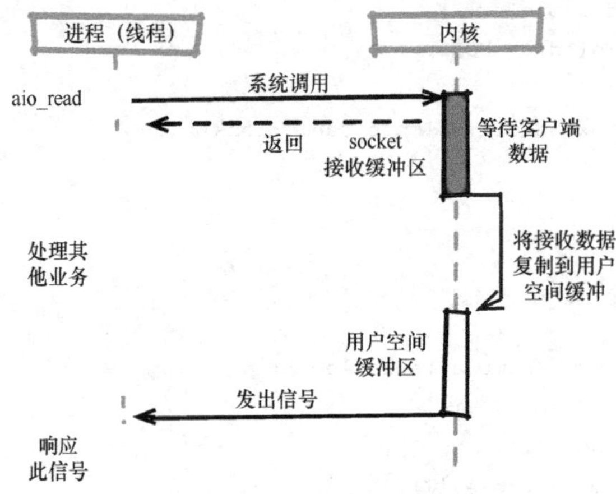

图 5-6 aio_read 异步非阻塞交互行为

5.4.1 异步 I/O 函数

（1）int aio_read(struct aiocb *aiocbp)

aio_read 用于进行 I/O 的异步读操作，其在调用请求入队后，立即返回。

- 参数 aiocbp 封装了异步读操作所需的各种数据项，具体代码如下。

```
#include <aiocb.h>

struct aiocb {
/* 这些数据项的顺序与具体实现相关 */

  int                aio_fildes;     /* 文件描述符 */
  off_t              aio_offset;     /* 文件操作偏移量 */
  volatile void      *aio_buf;       /* 读/写缓冲区 */
  size_t             aio_nbytes;     /* 缓冲区长度 */
  int               aio_reqprio;     /* 此 I/O 的优先级*/
  struct sigevent    aio_sigevent;  /* 通知事件 */
```

```
    int              aio_lio_opcode; /* 操作执行方式，仅用于 lio_listio() */

      /* 省略一部分数据项 */
      ...
  };
  /* 表示对 'aio_lio_opcode'操作的代码 */
  enum { LIO_READ, LIO_WRITE, LIO_NOP };
```

若该函数的返回值为 0，则表示执行成功；若返回值为-1，则表示出现错误。具体错误内容可以查看 errno 变量的相关内容。

（2）int aio_write(struct aiocb *aiocbp)

此函数为异步写操作，在请求入队后返回，其使用方法与 aio_read 类似。

（3）int aio_error(struct aiocb *aiocbp)

此函数用来获得 I/O 请求操作的状态。返回值 0 表示已经完成指定操作，EINPROGRESS 表明操作尚未完成，ECANCELLED 表示操作被取消，-1 表示发生错误，具体错误参见变量 errno 的相关内容。

（4）ssize_t aio_return(struct aiocb *aiocbp)

在异步模型上，通过此函数来获得调用函数的返回值。因为异步模型上的操作被调用后马上返回，其内部代码还没有被执行，所以此时的操作返回值并不能表明其操作的状态。此函数一般用在 aio_error 返回 0 或-1 之后，用来查询相关操作的返回值。

（5）int aio_suspend (const struct aiocb *const cblist[], int n, const struct timespec *timeout)

此函数用来挂起（或阻塞）调用的进程，直到异步请求操作完成为止。

- 参数值 cblist 为 aiocb 列表，如果列表中的任何一个 aiocb 所对应的异步操作完成，则此函数返回，即恢复被挂起（或阻塞）的进程，让其继续运行。
- 参数 n 表示 cblist 中 aiocb 的个数。
- timeout 表示阻塞时间。

使用 aio_suspend 的示例代码如下。

```
struct aioct *cblist[MAX_LIST]
/* 清空 cblist 列表 */
bzero( (char *)cblist, sizeof(cblist) );

/* 为该列表加载一个或多个引用 */
cblist[0] = &my_aiocb;

ret = aio_read( &my_aiocb );

ret = aio_suspend( cblist, MAX_LIST, NULL );
```

（6）int aio_cancel (int fd, struct aiocb *aiocbp)

此函数用于取消对指定 I/O（文件描述符 fd）的一个或所有请求操作。如果要取消指定 I/O 的所有操作，则需要将参数 aiocbp 设置为 NULL。

（7）int lio_listio(int mode, struct aiocb *list[], int nent, struct sigevent *sig)

此函数用于同时发起多个 I/O 操作，即一次系统调用实现多个 I/O 操作，这样减少了大量的系统调用消耗。

- 参数 mode 表明此函数的操作模式。LIO_WAIT 表示此函数会被阻塞，直到所有的 I/O 操作完成为止；LIO_NOWAIT 表示此函数不会被阻塞。
- 参数 list 为 I/O 操作列表。
- 参数 nent 为列表中 I/O 操作的数量。
- 参数 sig 为所有 I/O 操作对应的事件。

使用 lio-listio 的示例代码如下。

```
struct aiocb aiocb1, aiocb2;
struct aiocb *list[MAX_LIST];

/*获得 I/O 操作的文件描述符 fd1,fd2*/
...

/*设置第一个 aiocb */
aiocb1.aio_fildes = fd1;
aiocb1.aio_buf = malloc( BUFSIZE+1 );
aiocb1.aio_nbytes = BUFSIZE;
aiocb1.aio_offset = next_offset;
aiocb1.aio_lio_opcode = LIO_READ;

aiocb1.aio_fildes = fd2;
aiocb1.aio_buf = malloc( BUFSIZE+1 );
aiocb1.aio_nbytes = BUFSIZE;
aiocb1.aio_offset = next_offset;
aiocb1.aio_lio_opcode = LIO_WRITE;

bzero( (char *)list, sizeof(list) );
list[0] = &aiocb1;
list[1] = &aiocb2;

ret = lio_listio( LIO_WAIT, list, MAX_LIST, NULL );
```

5.4.2 异步通知响应

从图 5-6 可以看出，异步非阻塞 I/O 操作需要响应内核完成 I/O 操作的信号，以进行相应的处理。在 AIO 函数中，存在两种通知响应机制，一种是信号，另一种是回调函数。在信号响应处理中，一个操作完成时会发出信号，该信号会被此操作响应，并做出相应的处理。下面为针对信号响应的处理代码。从中可以看到 aio_handler 为相应的处理代码。sigaction 函数将信号 SIG_AIO 与处理函数绑定。

```
//编译此代码的命令 gcc -o aio2.o -g aio2.c -lrt
#include <aio.h>
#include <errno.h>
#include <stdio.h>
#include <stdlib.h>
#include <signal.h>
#include <unistd.h>

struct aiocb * cb[1];

//使用的信号量
#define SIG_AIO SIGRTMIN+5

void aio_handler(int signal, siginfo_t *info, void*uap){
    int cbNumber = info->si_value.sival_int;
    printf("AIO operation %d completed returning %d\n", cbNumber, aio_return(cb
[cbNumber]));
}

int main(void){
    struct sigaction action;
    //创建一个缓存用来存储读出来的数据
    char * foo = calloc(1,20);
    //设置信号句构
    action.sa_sigaction = aio_handler;
    action.sa_flags = SA_SIGINFO;
    sigemptyset(&action.sa_mask);
    sigaction(SIG_AIO, &action, NULL);
    FILE * file = fopen("bar", "r+");

    //为 AIO 控制块分配空间
    cb[0] = calloc(1,sizeof(struct aiocb));
    //存储结果
    cb[0]->aio_buf = foo;
    //指定读取文件
    cb[0]->aio_fildes = fileno(file);
    cb[0]->aio_nbytes = 10;
    cb[0]->aio_offset = 0;
    cb[0]->aio_sigevent.sigev_notify = SIGEV_SIGNAL;
    cb[0]->aio_sigevent.sigev_signo = SIG_AIO;
    cb[0]->aio_sigevent.sigev_value.sival_int = 0;

    aio_read(cb[0]);
    while(1){sleep(1);}
    sleep(1);
}
```

回调函数作为通知的响应机制，并不会产生信号，而是调用用户空间中的函数来实现通知响应，示例代码如下。在示例代码中，首先使用 SIGEV_THREAD 作为通知方法，然后通过 my_aiocb.aio_sigevent.notify_function = aio_completion_handler 设置回调函数 aio_completion_hander。

```
void setup_io(...)
{
  int fd;
  struct aiocb my_aiocb;

  ...

  /*构造 AIO 请求*/
  bzero( (char *)&my_aiocb, sizeof(struct aiocb) );
  my_aiocb.aio_fildes = fd;
  my_aiocb.aio_buf = malloc(BUF_SIZE+1);
  my_aiocb.aio_nbytes = BUF_SIZE;
  my_aiocb.aio_offset = next_offset;

  /* 将 AIO 请求与一个线程建立联系 */
  my_aiocb.aio_sigevent.sigev_notify = SIGEV_THREAD;
  my_aiocb.aio_sigevent.notify_function = aio_completion_handler;
  my_aiocb.aio_sigevent.notify_attributes = NULL;
  my_aiocb.aio_sigevent.sigev_value.sival_ptr = &my_aiocb;

  ...

  ret = aio_read( &my_aiocb );

}


void aio_completion_handler( sigval_t sigval )
{
  struct aiocb *req;

  req = (struct aiocb *)sigval.sival_ptr;

  /* 该请求是否已经处理完？ */
  if (aio_error( req ) == 0) {

    /* 成功处理，并返回处理状态 */
    ret = aio_return( req );

  }

  return;
}
```

5.5 零拷贝

回顾 Web 服务器调用服务，如图 5-1 所示，Web 服务器首先接收用户的页面请求，其次从指定目录中读取文件并缓存，最后将读取内容，通过网络发送给客户端。相关的逻辑代码如下。可以看到，将指定文件内容发送出去需要两次系统调用（读取文件内容用 read，发送文件内容用 write），并且经历两次内核空间和用户空间的内容复制过程。

```
while((n = read(diskfd, buf, BUF_SIZE)) > 0)
    write(sockfd, buf , n);
```

1．共享内存方式

很明显，在上述的逻辑过程中，将文件读入用户空间根本没有意义，反而增加系统调用和内存复制的时间。一个简单思路是，将读文件的内核缓冲区与用户空间合并为一个，以减少内存的复制次数。如图 5-7 所示，通过 mmap 将文件内核缓存和用户区缓存映射到同一个物理内存空间，能减少一次内存复制次数，具体代码如下。

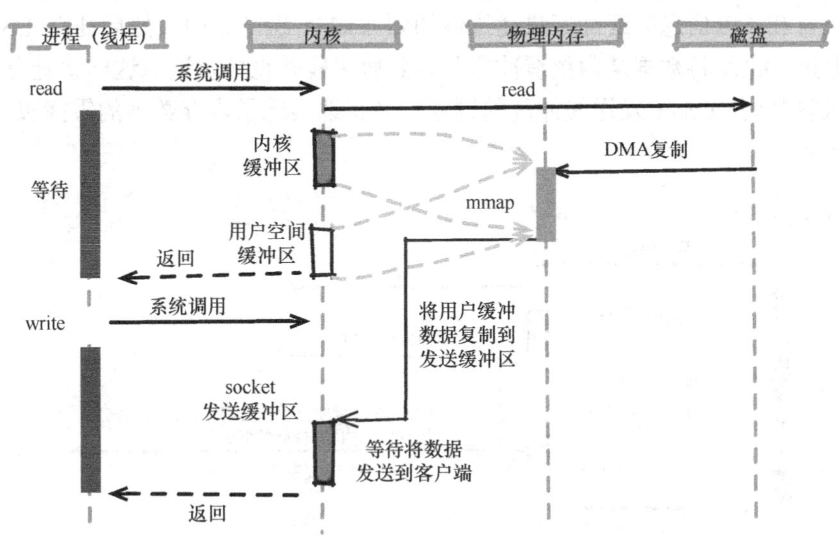

图 5-7 通过 mmap 内存共享来减少内存复制次数

```
rbuf = mmap(diskfd, len);
write(sockfd,buf,len);
```

2．sendfile 方式

共享内存方式需要两次系统调用来完成，如果将这两个操作函数合在一起形成一个函数，则将减少一次系统调用。在 Linux 2.1 版本以后，引入了 sendfile 系统接口，能够直接将文件通过网络接口发送出去，其内部实现过程如图 5-8 所示。sendfile 函数如下。

（1）ssize_t sendfile(int out_fd, int in_fd, off_t *offset, size_t count)

- 参数 out_fd 为 socket 文件描述符，表示向外发送内容的 I/O 通道。
- 参数 in_fd 为要读取的文件描述符，in_fd 必须是 mmap 可以映射的文件描述符。
- 参数 offset 用于读取文件的偏移位置。

- 参数 coun 用于读取和发送数据的长度。

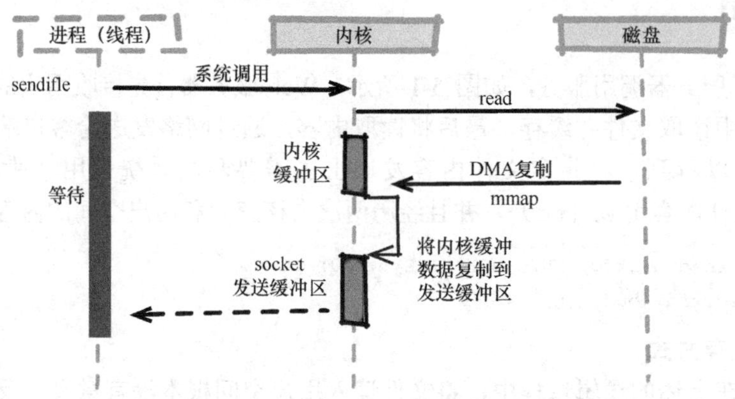

图 5-8 **sendfile** 减少系统调用和内存复制次数

sendfile 方式需要一次内存复制过程，即将读取文件的内核缓冲区内容复制到 socket 发送缓冲区。在 Linux 2.4 版本以后，在 sendfile 将数据读取到内存缓冲区后，将带有缓冲位置和长度信息的缓冲区描述符添加到 socket 缓冲区中，然后利用 DMA 收集拷贝功能，通过 DMA 将数据从内核缓冲区复制到协议栈并直接发送。这样就避免了 CPU 将内核缓冲区复制到 socket 发送缓冲区的过程，真正地实现了内存数据的零拷贝，具体过程如图 5-9 所示。

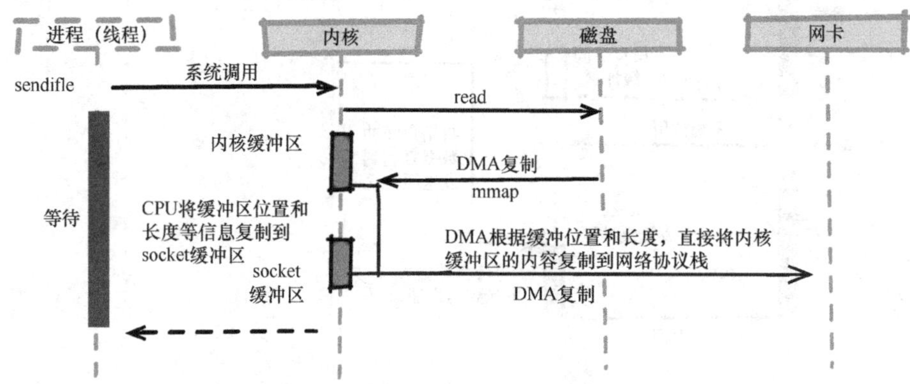

图 5-9 带有 DMA 功能的 **sendfile** 实现内存数据零拷贝

与 sendfile 功能相似的函数还有 splice 函数，但 splice 函数不仅支持文件到 socket 的数据传输，还支持任意两个文件之间的相关传输，具体接口函数如下。

(2) long splice(int fdin, int fdout, size_t len, unsigned int flags)

此函数将源文件中的内容复制到目标文件中。

- 参数 fdin 为源文件描述符。
- 参数 fdout 为目标文件描述符。
- 参数 len 为内容长度。
- 参数 flags 表示复制模式。SPLICE_F_NONBLOCK 表示在 splice 函数执行时不会被阻塞；SPLICE_F_MORE 表示下一个 splice 调用会有更多数据需要传输；SPLICE_F_MOVE 表示如果输出的是文件，则此函数会从输入管道缓冲区直接将数据输入文件中。

除了以上方式，还有写复制（COW）和缓冲区共享等方式来减少内存之间的拷贝次数，具体方式读者可自行查阅相关文献。

5.6　实验 10　Web 服务器网络 I/O 优化

题目 1：根据 socket 的 I/O 多路复用方法，用 `epoll` 重新设计 Web 服务器的网络通信部分，使用线程池模型来支持海量用户请求信息的并发高效处理。在此基础上，通过编写程序代码和运行 `httpp_load` 方法来测试并统计 Web 服务器性能，包括每秒处理用户请求的消息量、网络 I/O 通信量、磁盘 I/O 读/写速度、CPU 和内存占用情况。

题目 2：在题目 1 的基础上引入非阻塞 I/O，并与题目 1 实现的 Web 服务器进行性能比较。

题目 3：在题目 2 的基础上引入零拷贝，并进一步测试和分析 Web 服务器性能。